21世纪中等职业教育特色精品课程规划教材
中等职业教育课程改革项目研究成果

电工操作技能与训练

主 编 白 冰

北京理工大学出版社
BEIJING INSTITUTE OF TECHNOLOGY PRESS

内 容 提 要

全书全面系统地介绍了电工操作方面的基础知识，包括直流电路、常用电工测量仪表的使用、电容和电磁、正弦交流电、变压器与电动机基础、电气控制基础、电力系统与安全用电、电导体器件及应用等。在注重理论知识讲解的同时，更加强调知识的实用性；同时也充实了部分新知识和新技术的应用。使学生在系统地学习相关电工理论知识的同时，重点掌握实际应用和操作技能。努力达到当前一体化教学模式的要求，从而更加突出职业技术教育的特色，使学生能够真正达到中级技术水平的培养目标。

图书在版编目（CIP）数据

电工操作技能与训练/白冰主编. —北京：北京理工大学出版社，2009.7
ISBN 978 – 7 – 5640 – 2540 – 3

Ⅰ. 电… Ⅱ. 白… Ⅲ. 电工技术—专业学校—教材
Ⅳ. TM

中国版本图书馆 CIP 数据核字（2009）第 131180 号

出版发行／北京理工大学出版社
社　　址／北京市海淀区中关村南大街 5 号
邮　　编／100081
电　　话／（010）68914775（办公室）　　68944990（批销中心）　　68911084（读者服务部）
网　　址／http：//www. bitpress. com. cn
经　　销／全国各地新华书店
印　　刷／北京通县华龙印刷厂
开　　本／787 毫米×1092 毫米　1/16
印　　张／10. 25
字　　数／256 千字
版　　次／2009 年 7 月第 1 版　2009 年 7 月第 1 次印刷　　　　　责任校对／陈玉梅
定　　价／16. 00 元　　　　　　　　　　　　　　　　　　　　　责任印制／母长新

图书出现印装质量问题，本社负责调换

出版说明

中等职业教育是以培养具有较强实践能力,面向生产、面向服务和管理第一线职业岗位的实用型、技能型专门人才为目的的职业技术教育,是职业技术教育的初级阶段。目前,中等职业教育教学改革已经从专业建设、课程建设延伸到了教材建设层面。根据教育部关于要求发展中等职业技术教育,培养职业技术人才的大纲要求,北京理工大学出版社组织编写了《21 世纪中等职业教育特色精品课程规划教材》。该系列教材是中等职业教育课程改革项目研究成果。坚持以能力为本位,以就业为导向,以服务学生职业生涯发展为目标的指导思想。主要从以下三个角度切入:

1. 从专业建设角度

该系列教材摒弃了传统普通高等教育和传统职业教育"学科性专业"的束缚,致力于中等职业教育"技术性专业"。主体内容由与一线技术工作相关联的岗位有关知识所构成,充分体现职业技术岗位的有效性、综合性和发展性,使得该系列教材不但追求学科上的完整性、系统性和逻辑性,而且突出知识的实用性、综合性,把职业岗位所需要的知识和实践能力的培养融于一炉。

2. 从课程建设角度

该系列教材规避了现有的中等职业教育教材内容上的"重理论轻实践"、"重原理轻案例",教学方法上的"重传授轻参与"、"重课堂轻现场",考核评价上的"重知识的记忆轻能力的掌握"、"重终结性的考试轻形成性考核"的倾向,力求在整体教材内容体系以及具体教学方法指导、练习与思考等栏目中融入足够的实训内容,加强实践性教学环节,注重案例教学和能力的培养,使职业能力的提升贯穿于教学的全过程。

3. 从人才培养模式角度

该系列教材为了切合中等职业教育人才培养的产学结合、工学交替培养模式,注重有学就有练、学完就能练、边学边练的同步教学,吸纳新技术引用、生产案例等情景来激活课堂。同时,为了结合学生将来因为岗位或职业的变动而需要不断学习的实际,注重对新知识、新工艺、新方法、新标准引入,在培养学生创造能力和自我学习能力的培养基础上,力争实现学生毕业与就业上岗的零距离。

为了贯彻和落实上述指导思想,在本系列教材的内容编写上,我们坚持以下一些原则:

1. 适应性原则

在进行广泛的社会调查基础上,根据当今国家的政策法规、经济体制、产业结构、技术进步和管理水平对人才的结构需求来确定教材内容。依靠专业自身基础条件和发展的可行性,以相关行业和区域经济状况为依托,特别强调面向岗位群体的指向性,淡化行业界限、看重市场选择的用人趋势,保证学生的岗位适应能力得到训练,使其有较强的择业能力,从而使教材有活力、有质量。

2. 特色性原则

在调整原有专业内容和设置专业新兴内容时,注意保留和优化原有的、至今仍适应社会需求的内容,但随着社会发展和科技进步,及时充实和重点落实与专业相关的新内容。"特色"主要是体现为"人无我有","人有我精"或"众有我新",科学预测人才需求远景和人才培养的周期性,以适当超前性专业技术来引领教材的时代性。结合一些一线工作的实际需要和一些地方用人单位的区域资源优势、支柱产业及其发展方向,参考发达地区的发展历程,力争做到专业课内容的成熟期与人才需求的高峰期相一致。

3. 宽口径性原则

拓宽教材基础是提高专业适应性的重要保证之一。市场体制下的人才结构变化加快,科技迅猛发展引起技术手段不断更新,用人机制的改革使人才转岗频繁,由此要求大部分专门人才应是"复合型"的。具体课程内容应是当宽则宽,当窄则窄。在紧扣本专业课内容基础上延伸或派生出一些适应需求的与其他专业课相关的综合技能。既满足了社会需求又充分锻炼学生的综合能力,挖掘了其潜力。

4. 稳定性和灵活性原则

中职职业教育的专业课程都有其内核的稳定性,这种内核主要是体现在其基本理论,基础知识等方面。通过稳定性形成专业课程教材的专业性特点,但同时以灵活的手段结合目标教学和任务教学的形式,设置与生产实践相切合的项目,推进教材教学与实际工作岗位对接。

为了更好地落实本教材的指导思想和编写原则,教材的编写者都是既有一定的教学经验、懂得教学规律,又有较强实践技能的专家,他们分别是:相关学科领域的专家;中等职业教育科研带头人;教学一线的高级教师。同时邀请众多行业协会合作参与编写,将理论性与实践性高度统一,打造精品教材。另外,还聘请生产一线的技术专家来审读修订稿件,以确保教材的实用性、先进性、技术性。

总之,该系列教材是所有参与编写者辛勤劳作和不懈努力的成果,希望本系列教材能为职业教育的提高和发展作出贡献。

北京理工大学出版社

前　言

近年来，国家对职业教育尤其是中等职业教育越来越重视，中等职业教育正在呈现出广阔的发展前景，全国各地的中等职业教育事业也迎来了前所未有的大好局面。

为了更好地适应当前中等职业教育的教学要求。我们组织了数位从事中等职业学校理论和实习教学多年的一线骨干教师，参照劳动和社会保障部最新颁发的《国家职业标准》和中等职业学校非电工专业相关教学大纲规定，结合我们多年的教学实践工作经验编写了本教材。

全书全面系统地介绍了电工学方面的基础知识，包括直流电路、常用电工测量仪表的使用、电容和电磁、正弦交流电、变压器与电动机基础、电气控制基础、电力系统与安全用电、电导体器件及应用等。在注重理论知识讲解的同时，更加强调知识的实用性；同时也充实了部分新知识和新技术的应用。使学生在系统地学习相关电工理论知识的同时，重点掌握实际应用和操作技能。努力达到当前一体化教学模式的要求，从而更加突出职业技术教育的特色，使学生能够真正达到中级技术水平的培养目标。

由于编写该教材的时间紧促，缺点和错误在所难免，恳请各位专家、同行批评指正。

编　者

目　录

直流电路

本章主要讲述了直流电路的相关知识,其主要内容有电路和电路图,电路的基本物理量,欧姆定律及电源特性,电功、电功率及用电设备的额定值,电阻的串并联及简单直流电路计算,基尔霍夫双定律等。

1. 理解电路、电路图的画法,能看懂基本电路图;
2. 掌握电路基本物理量含义及其相互之间的关系;
3. 掌握电功、电功率定义,能利用用电设备的额定值进行计算;
4. 理解电阻串并联方式,能进行简单直流电路的计算;
5. 掌握基尔霍夫定律及其应用。

* * * * * * * * * * *

第一节　电路和电路图

一、电路的概念

在日常生活中,我们会用到各种电器。当合上电源开关时,就形成了一个电流流通的路径。在电流的作用下,电器开始运行。这个通路就是电路,换句话说,电路就是电流流过的路径。

电路包括三个组成部分:电源、负载、中间环节。如图 1-1 所示。

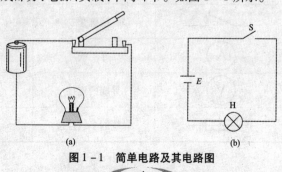

(a)　　　　　(b)

图 1-1　简单电路及其电路图

1.电源

电源是把其他形式的能转换成电能的设备,是电路中电能的提供者。例如,干电池就是把化学能转换为电能。

2.负载

负载就是消耗电能的各种设备,也称为用电器。它们把电源提供的电能根据需要转换成其他形式的能。如电动机将电能转换为机械能;照明灯具把电能转换为光能等。

3.中间环节

中间环节包括连接导线和控制装置。连接导线用来连接负载和电源,使之形成回路,担负着传输电能的任务;控制装置是控制电路通断的装置,一般使用开关来完成。

二、电路的工作状态

电路有三种工作状态:通路、断路、短路。

1.通路

通路就是电源与负载之间形成闭合回路,电路中有工作电流,这是用电设备正常工作时的电路状态。

2.断路

断路就是指电源与负载之间没有形成闭合回路,也称之为开路,电路中没有电流,这种状态下用电设备不工作。

3.短路

短路是指电流未经负载而直接流回电源。这时电路中的电流比通路时的电流大很多,如果短路状态不及时排除,由于电流的热效应,很快就会烧毁电源以及与其相连接的导线、开关等。所以说电源短路(除了特殊的需要)是一种严重的事故,应该尽量防止。

三、电路图

对于非常简单的电路,我们可以绘制实物电路连接图,看起来直观易懂,但是对于复杂的电路,画实物电路连接图就变得非常困难,不便于分析和研究电路。因此,我们把电路中的实物用国家统一规定的电路符号来表示,就形成了电路图,它突出了电路的特性,方便了电路的分析与研究。图1-1(b)就是图1-1(a)的电路图。

表1-1中给出了常用的部分图形符号。

表1-1 部分电工符号图

名 称	图形符号	名 称	图形符号
电 阻		接 地	
开 关		接机壳	
电流表	A	导 线	
电压表	V	导线的连接	
熔断器		导线的多线连接	

续　表

名　称	图形符号	名　称	图形符号
电容器	┴	灯	⊗
电感器	⌒⌒⌒	半导体二极管	▷|

第二节　电路的基本物理量

一、电流

1. 电流的形成和大小

组成物质的基本微粒—原子是由带正电的原子核和带负电的电子组成的。在无外力作用的情况下,导体中的电子作杂乱无章的运动;一旦给导体两端加上电压,那么导体中的电子在外力的作用下开始定向移动,从而形成导体中的电流。

因此说电流是由电荷的定向移动形成的,这里所说的电荷既可以是正电荷,也可以是负电荷,或者两者都有。

电流的大小是以在单位时间内通过导体横截面的电荷量的多少来衡量的,通过的越多,电流就越大,反之则越小。对于恒定电流来说,电流用字母 I 来表示。若以 Q 来表示在时间 t 内通过导体横截面积的总电量,则电流的大小可用下式表示:

$$I = \frac{Q}{t} \tag{1-1}$$

在式 1-1 中,电量的单位是库仑,简称库,用 C 来表示;时间的单位是秒,用 s 来表示;电流的单位是安培,简称安,用 A 来表示。电流数值的大小就等于在 1s 内通过导体横截面的电量。

安培是电流的基本单位,除此之外,还有一些常用单位,在电流很大时会用到千安(kA),电流比较小时,会用到毫安(mA)和微安(μA),它们之间的换算关系是

$$1kA = 10^3 A$$
$$1A = 10^3 mA$$
$$1mA = 10^3 \mu A$$

2. 电流的方向与参考方向

电流不仅有数值上的大小,而且有方向。对于电流的方向有如下规定:正电荷移动的方向为电流的方向。在金属导体中是带负电的自由电子做定向移动,根据规定可知电流的方向与电子的移动方向相反。

大小和方向随时间变化而变化的电流,我们称之为交流;大小变化而方向不变的电流,称之为直流,大小不变的直流我们称之为恒定电流。本章讨论的直流电路,就是指通过恒定电流的电路。

简单的电路,很容易判断电流的方向,但是对于复杂电路中的支路电流,很难直观判断。

在电路的分析和计算中,常常要先确定电流的方向,因此引入参考方向的概念。

在电路中,电流的实际方向只有两种可能,我们任意选取其中一个方向作为电流的方向,这就是参考方向,用带箭头的细实线表示。参考方向的选取是任意的,选取时主要考虑解决问题的方便性。

当电路中某个电流的参考方向选定后,就可以进行计算和分析了。若最后求解的此电流值为正值,说明此电流的实际方向与参考方向一致;若求解结果为负值,说明电流的实际方向与参考方向相反。因此我们讨论电流的正负是在已设定参考方向的前提下进行的,若不设定参考方向,讨论电流的正负没有任何意义。

例1-1 给图1-2中的电流加上正负号(带箭头的细实线表示参考方向,带箭头的虚线表示实际方向)。

解:

在图1-2(a)中由于电流实际方向与参考方向相反,所以应为负值,即为(-)5A;

在图1-2(b)中由于电流实际方向与参考方向一致,所以应为正值,即为(+)5A。

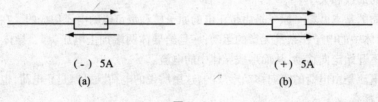

(-) 5A   (+) 5A
(a)   (b)

图1-2

3. 电流密度

在实际工作中,有时会用到电流密度这一概念,电流密度就是导体横截面单位面积上通过的电流,用字母 J 表示:

$$J = \frac{I}{S} \qquad (1-2)$$

在式(1-2)中,当电流单位为 A、面积单位为 mm^2 时,电流密度的单位为 A/mm^2。

二、电压、电位和电动势

1. 电压和电位

给导体两端接上电源,这时导体中就会产生电场,电场对处在其中的电荷有力的作用。当电场力使电荷发生位移时,电场力就对电荷做了功。电压就是衡量电场做功本领大小的物理量。电场力把单位正电荷从电场中的 a 点移动到 b 点所做的功,在数值上就等于 a、b 两点间的电压,用 U_{ab} 表示,其数学表达式为

$$U_{ab} = \frac{W_{ab}}{Q} \qquad (1-3)$$

电压的单位是伏特,简称伏,用 V 表示。当电场力把 1 库仑的正电量从 a 点移动到 b 点时,所做的功为 1 焦耳,我们就说 a、b 之间的电压为 1 伏特。常用的电压单位还有千伏(kV)、毫伏(mV)和微伏(μV),它们之间的换算关系是:

$$1 \text{ 千伏}(kV) = 10^3 \text{ 伏}(V)$$

$$1 \text{ 伏}(V) = 10^3 \text{ 毫伏}(mV)$$

$$1 \text{ 毫伏}(mV) = 10^3 \text{ 微伏}(\mu V)$$

电压和电流一样,既有大小,又有方向。电压的实际方向与电流的实际方向一致,即在含有负载的电路中,电流流入端为电压的正方向,电流流出端为电压的负方向。

在电路图中,电压方向的表示方法一般有三种:①用带箭头的细实线表示,如图1-3(a);②用极性符号表示,如图1-3(b);③对于电路中有电源符号的,有默认极性,如图1-3(c),方向是从电源的正极指向电源的负极。

和电流一样,对于比较复杂的电路,电压的实际方向很难直观判断出来。这时也需要对电压的方向先进行假设,即先设定电压的参考方向,然后进行电路的计算分析,根据最后的结果,来确定电压的实际方向。如果最后求解的电压值为正值,说明电压的实际方向与参考方向一致;如求解结果为负值,说明电压的实际方向与参考方向相反。

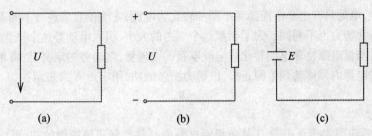

(a)　　　　　(b)　　　　　(c)

图1-3　电压方向的表示方法

为了便于分析电路,还需要引入电位的概念:在电路中选择一点作为参考点,电路中某点对参考点间的电压称为该点的电位。电位常用符号 V(或 φ)表示,如 V_a 表示 a 点的电位。同电压一样,电位的单位也是伏特。

参考点的电位规定为零,低于参考点的电位是负电位,高于参考点的电位是正电位。在实际中,习惯以大地作为参考点,即把大地的电位规定为零。这是由于大地容纳电荷的能力巨大,电位稳定。而电子设备中一般以金属板、机壳等公共点作为参考点。

电路中任意两点的电位之差称为这两点间的电位差,常用带双脚标的字母 U 表示,如 U_{ab} 表示 a、b 两点间的电位差,有:

$$U_{ab} = V_a - V_b \tag{1-4}$$

两点之间的电位差就是这两点之间的电压,两点间电位差(电压)与选取参考点无关,而电位是某点对参考点之间的电压,与参考点选择有关。也就是说电位差(电压)是绝对的,电位是相对的。

例1-2　如图1-4所示,已知:当以 c 点为参考点时,$V_a = 5V$,$V_b = 2V$,求:

(1) U_{ab}、U_{bc};

(2) 以 a 为参考点时,各点的电位与 U_{ab}、U_{bc}。

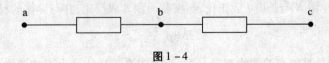

图1-4

解：

（1）当以 c 为参考点时，$V_c = 0V$，根据电位差与电位的关系得：

$$U_{ab} = V_a - V_b = 5 - 2 = 3V$$

$$U_{bc} = V_b - V_c = 2 - 0 = 2V$$

（2）当以 a 为参考点时，$V_a = 0V$，$V_b = 2 - 5 = -3V$，$V_c = 0 - 5 = -5V$，根据电位差与电位的关系得：

$$U_{ab} = V_a - V_b = 0 - (-3) = 3V$$

$$U_{bc} = V_b - V_c = -3 - (-5) = 2V$$

由上题可以看出，参考点变化，各点的电位也随之变化，而两点间的电位差（电压）不变。

2. 电动势

在电路中，电源只有把非电能源不断的转化为电能，才能使负载进行不间断的工作。不同的电源其转化能力也不相同。为了衡量这个能力的大小，引入电动势这个概念。

电动势是衡量电源将非电能转化成电能本领的物理量，电动势的定义是：将单位正电荷从电源负极通过电源内部移动到电源正极，电源力所做的功，用字母 E 来表示：

$$E = \frac{W_S}{Q} \tag{1-5}$$

式中 W_S 是电源力把正电荷 Q 从负极经电源内部移动到正极所做的功，可以看出电动势的单位同电压单位一致，也是伏特（V）。常用的电动势单位还有千伏（kV），毫伏（mV）和微伏（μV）。

电动势同电压一样也是有方向的。电动势的方向有如下规定：在电源内部从电源负极指向正极。对于电源来说，同时有电动势和电压，但电动势只存在于电源的内部，电源的开路电压在数值上等于电源电动势，但是二者方向相反。

3. 电阻

电流通过任何物质时都会遇到或大或小的阻力，比如金属导体中的自由电子作定向移动时会与导体中的正离子碰撞，从而对电流形成一定的阻碍作用。电阻就是用来表示物质对电流阻碍能力大小的物理量。用字母 R 或 r 来表示，电阻的单位为欧姆，简称欧，用符号 Ω 表示。

我们把加在导体两端的电压和流过该导体的电流的比值称为该导体的电阻，如果加在导体两端的电压为 1V，流过的电流为 1A，则此导体的电阻为 1Ω。

除欧姆外，对于较大的电阻可用千欧（kΩ）和兆欧（MΩ）作单位，它们之间的换算关系如下：

$$1 \text{ 千欧（kΩ）} = 10^3 \text{ 欧（Ω）}$$

$$1 \text{ 兆欧（MΩ）} = 10^3 \text{ 千欧（kΩ）}$$

导体的电阻是客观存在的，不随两端电压的变化而变化。即使不给导体两端加电压，导体中没有电流通过，导体的电阻依然存在。实验证明，对于一根材质和粗细都均匀的导体，在一定的温度下，它的电阻 R 与长度 l 成正比，与横截面积 S 成反比，并与导体的材质有关：

$$R = \rho \frac{l}{S} \tag{1-6}$$

式中 ρ 是与导体材料有关的物理量，称之为电阻率。导体的电阻率通常是指在 20℃ 时，长度为 1m，横截面积为 $1m^2$ 的导体的电阻值。当式中 R、l、S 分别采用欧姆、米、平方米为单位时，电阻率 ρ 的单位是欧姆·米，用 Ω·m 表示。表 1-2 中列举了几种常用材料在 20℃ 时的电阻率。

电阻率

电阻率的大小反映了材料的导电性能,电阻率越小,导电性能就越强,反之就越弱。由表1-2中可以看出,金属的电阻率很小,常用来制作导线。从经济和实用的角度,目前的导线多由铜和铝制作。铝的导电性虽比铜差些,但由于我国的铝资源储量丰富,价格比铜低得多,因此,在允许的情况下尽可能用铝导线代替铜导线。

电阻率较高的导体材料主要用来制造各种电阻元件,电阻元件也常简称为电阻。电阻率很大的材料,电流很难通过,对电流有绝缘作用,常用来做保护层,如常用的铜芯电线,外面包裹着橡胶等此类材料,以防止漏电和保证安全。需要注意的是:绝缘是相对的,如电压超出规定的范围,绝缘材料将失去绝缘作用。

电阻和电阻率都是由导体本身的性质决定的,但是二者反映的物理问题不同。电阻反映的是导体对电流的阻碍作用,而电阻率反映的是导体导电性能的好坏。电阻大的导体其制作材料的电阻率并不一定大。

表1-2 常见材料在20℃时的电阻率

常见材料名称	电阻率/$(\Omega \cdot m)$	常见材料名称	电阻率/$(\Omega \cdot m)$
银	1.6×10^{-8}	康铜	4.9×10^{-7}
铜	1.7×10^{-8}	镍铬合金	1.1×10^{-6}
铝	2.9×10^{-8}	铁铬铝合金	1.4×10^{-6}
钨	5.3×10^{-8}	铝镍铁合金	1.6×10^{-6}
铁	1.0×10^{-7}	碳	1.0×10^{-5}
铂	1.1×10^{-7}	电木	$10^{10} \sim 10^{14}$
锰铜	4.4×10^{-7}	橡胶	$10^{13} \sim 10^{16}$

同一导体的电阻在温度发生变化时,电阻也会随之发生变化。如金属导体的电阻通常随温度的升高而增大;而另外一些材料(碳和电解液等)的电阻会随温度的升高而减小。

为了形象地说明导体的导电性能,引入电导这个物理量,电导是电阻的倒数,电导越大,物质的导电性能越好,反之越差。电导用字母 G 表示:

$$G = \frac{1}{R}$$

$(1-7)$

电导的单位是西门子，简称西，用字母 S 表示。

小锦囊

表1-3 常用电阻器的外形和特点

名称	外形	主要特点
碳膜电阻器（RT型）		阻值较稳定，受电压和频率影响小，价廉，应用广泛 阻值：1Ω～10MΩ，额定功率：0.125～2W
金属膜电阻器（RJ型）		耐热，噪声小，体积小，精度高，广泛应用于要求较高的电路 阻值：1Ω～620MΩ，额定功率：0.125～2W
金属氧化膜电阻器（RY型）		抗氧化，耐高温，阻值：1Ω～200kΩ 额定功率：0.125～10W
合成实心电阻器（RS型）		机械强度高，可靠，体积小，价廉 阻值：4.712～22MΩ，额定功率0.25～2W
线绕电阻器（RX型）	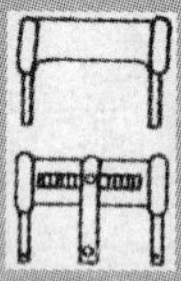	阻值精度高、稳定，抗氧化，耐热，功率大，作为精密和大功率电阻器使用。阻值：0.1Ω～5MΩ，额定功率达150W
电位器（WT型等）	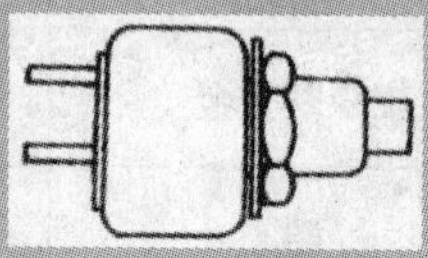	阻值可以调节。阻值规律有直线式、指数式、对数式。主要用于调节电路中的电阻、电流和电压

第三节 欧姆定律及电源外特性

一、欧姆定律

1. 部分电路的欧姆定律

在一段只含电阻的支路中，如图1-5所示，通过这段电路的电流 I，与这段电路两端所加电压成正比，而与这段电路的电阻 R 成反比，这就是部分电路的欧姆定律。其表达式为

$$I = \frac{U}{R}$$ 　　　　(1-8)

当其他条件不变时，只改变加在电阻元件上的电压，可以得到不同的电流。在 $U-I$ 坐

标系内，绘制出一条反映电压与电流之间关系的曲线，这就是电阻的伏安特性曲线。如果电阻的阻值是个常数，即电阻的伏安特性曲线是一条直线，如图1-6所示，这样的电阻称为线性电阻。

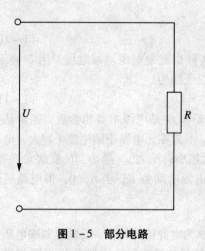

图1-5 部分电路

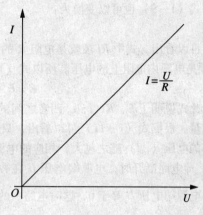

图1-6 线性电阻的伏安特性曲线

例1-3 在图1-5中，在电阻上所加电压为20V，电阻的阻值 R 为400Ω，试求此支路电流。

解：

根据部分电路的欧姆定律可得：

$$I = \frac{U}{R} = \frac{20}{400} = 0.05 \text{ A} = 50 \text{ mA}$$

2. 全电路欧姆定律

全电路就是含有电源的闭合回路，在图1-7中所示的最简单的全电路中，只含有一个电源，它的电动势为 E，电源内部也有电阻，称为内电阻，用 r_0 表示。外电路的电阻为 R。一般我们把电路分为两部分：电源内部的电路称为内电路，电源外部的电路统称为外电路。

全电路中的电流与电源电动势 E 成正比，与电路的总电阻（内电路和外电路的电阻之和）$R + r_0$ 成反比，这就是全电路的欧姆定律。其数学表达式为：

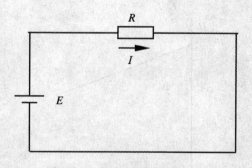

图1-7 简单的全电路

$$I = \frac{E}{R + r_0} \tag{1-9}$$

在式（1-9）中，I 是电路的电流，单位是安培（A）；E 是电源的电动势，单位是伏特（V）；R 和 r_0 分别是电路的外电阻和内电阻，单位都是欧姆（Ω）。

例1-4 在图1-7中，已知：电源电动势为10V，电源的内阻 $r_0 = 0.2Ω$，$R = 9.8Ω$，试求电路中的电流 I。

解：

根据全电路欧姆定律有：

$$I = \frac{E}{R + r_0} = \frac{10}{9.8 + 0.2} = 1\text{A}$$

二、电源的外特性

式（1-9）也可以变换为：

$$E = RI + Ir_0 \qquad\qquad (1-10)$$

可以看出，式中 RI 项就是电阻 R 的两端电压，实际也就是电源两端电压，用 U 表示；Ir_0 项是电源内电阻上的电压。所以式（1-10）又可以变换为：

$$E = U + r_0 I \text{ 或 } U = E - r_0 I \qquad\qquad (1-11)$$

此式说明了 E、R、I、r_0 四者之间的关系。其中 E 和 r_0 是电源本身的参数，通常认为是常量。根据式（1-11）可以看出，只要电源内阻 r_0 不为零，电路中的电流 I 越大，电源内部的电压（$r_0 I$）随之越大，相应的电源端电压 U 就越小；反之，I 越小，U 就越大。当 I =0，即电路断开时，电源端电压 U 在数值上就等于电源电动势 E；当 $R=0$，即电路短路时，电源端电压 U 等于 0，这时电路中的电流为 $I = \dfrac{E}{r_0}$。

这种电源端电压 U 与电路中电流 I 之间的关系，称为电源的外特性。反映电源端电压 U 与电路中电流 I 之间的函数曲线 $U = f(I)$，叫做电源的外特性曲线。当把 E 和 r_0 看作常量时，可绘制出电源的外特性曲线，它是一条倾斜直线，如图 1-8 所示。我们用到的电源或多或少都有内阻，内阻越大的电源，其外特性曲线越陡；反之，就越接近于水平线。若电源的内阻 $r_0 = 0$，电源端电压 U 总等于它的电动势 E，其外特性曲线是一条水平直线，如图 1-9 所示。这种电源在现实生活中是不存在的，这是一种理想状态。有时为了分析电路方便，在电源内阻很小、输出电流不太大的情况下，可以把内阻忽略掉，即认为电源内阻 r_0 = 0。在本书中，如不作特别标注，电源内阻均认为是零。

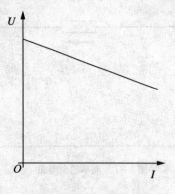

图 1-8　电源的外特性

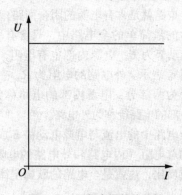

图 1-9　理想电源的外特性

例 1-5　在图 1-7 中，已知新干电池的电动势 $E = 1.53\text{V}$，$R = 10\Omega$，$I = 0.15\text{A}$，试求干电池的端电压 U 和内阻 r_0。

解：

根据式（1-8）：

$$U = RI = 10 \times 0.15 = 1.5\text{V}$$

根据 $E = RI + r_0 I$ 可得:

$$r_0 = \frac{E - RI}{I} = \frac{1.53 - 10 \times 0.15}{0.15} = 0.2\Omega$$

第四节 电功、电功率及用电设备的额定值

一、电功和电功率

1. 电功

用电设备工作时，中间有电流流过，这时用电设备就把电能转换为其他形式的能。如电动机将电能转换为机械能，电炉把电能转换为热能等。这个能量转换过程，我们称之为电流做功，简称电功，用字母 W 表示。根据式（1－1）、（1－3）可知：

$$W = UQ = UIt \tag{1－12}$$

对于只含电阻的用电设备，根据欧姆定律可得：

$$W = UQ = UIt = I^2 Rt = \frac{U^2}{R}t \tag{1－13}$$

在以上两式中，电量单位为库仑（C）、电压单位为伏特（V）、电流为安培（A）、电阻为欧姆（Ω）、时间为秒（s）、电功单位为焦耳（J）。

2. 电功率

对于不同的用电设备来说，电流做功的快慢是不一样的，为了衡量电流做功的快慢，引入电功率的概念：电流在单位时间内做的功，称为电功率，用字母 P 表示。其表达式为

$$P = \frac{W}{t} \tag{1－14}$$

根据式（1－12），又有：

$$P = \frac{W}{t} = \frac{UIt}{t} = UI \tag{1－15}$$

同样对于只含电阻的用电设备，根据式（1－13）可得

$$P = \frac{W}{t} = \frac{UIt}{t} = UI = I^2 R = \frac{U^2}{R} \tag{1－16}$$

在以上两式中，电功单位为焦耳（J）、电压单位为伏特（V）、电流单位为安培（A）、电阻单位为欧姆（Ω）、时间单位为秒（s）、电功率的单位为瓦特，简称瓦，用字母 W 表示。

常见的电功率单位除瓦之外，还有千瓦（kW）和毫瓦（mW），它们之间的换算关系如下：

$$1kW = 10^3 W$$
$$1W = 10^3 mW$$

在日常生活和工作中，电功的计量单位常用千瓦小时（kW·h），1kW·h 也就是日常生活中所称的 1 度电。

$1kW·h = 1\,000\,W \times 3\,600\,s = 3.6 \times 10^6 J$

例 1－6 教室里总共有 8 个相同的日光灯，每个日光灯功率为 60W，日光灯平均每天工作 5 小时，现在标准电价 0.52 元/度，试计算 1 年（365 天）应缴纳的电费。

解：

日光灯1年消耗的电能为

$$W_{总} = Pt = 60 \times 8 \times 5 \times 365 = 876 \text{ kW·h}$$

应缴纳的电费为

$$876 \times 0.52 = 455.52 \text{ 元}$$

二、用电设备的额定值

电流流过导体时，由于导体自身存在电阻，从而使一部分电能转换为热能，从而使导体发热，这就是电流的热效应。电流的热效应在生产和生活中有很多应用，如白炽灯、电炉以及其他电热元件等。电流的热效应也有其有害的一面，比如连接导线以及电动机、变压器等非电热性电气设备的导电部分都具有一定的电阻，因此在它们工作时，有电流流过，就不可避免地有一部分电能转变成无用的热能，降低了电气设备的效率，并使设备的温度升高。

电气设备工作时最高允许温度各规定有一定数值，例如常用的橡胶绝缘导线的最高允许温度为65℃。如果电气设备工作时温度上升过高，超过了上限温度，绝缘材料就会很快变脆损坏，使用寿命就会缩短；温度上升过高，绝缘材料就会炭化甚至燃烧起来，使电气设备完全损坏，造成严重事故。

电气设备开始工作时，它的温度一般与周围介质（通常为空气）的温度相等。工作开始后，由于损耗产生的无用热量，使电气设备的温度逐渐升高，同时有部分热量发散到周围介质中去。随着温度的升高，电气设备与周围介质的温度差也增大，因而热量的发散也随之加快，这种状态一直要持续到单位时间内电气设备所产生的热量与散发出的热量相等。此后，温度不再升高，此时电气设备的温度称为稳定温度。电气设备长时间地连续工作，稳定温度正好等于最高允许温度时的电流称为该电气设备的额定电流，也就是电气设备长时间连续工作的最大允许电流。因此，电气设备长时间连续工作的电流，不应超过它的额定电流，否则电气设备会因过度发热而缩短寿命或被烧毁。

加在电气设备上的电压，是对电气设备的电流有重要影响的因素，因此电气设备工作时对电压有一定的限额，这个电压的限额称为电气设备的额定电压。电气设备的额定值都在铭牌上标出，使用时必须遵守。

小拍囊

用电设备的额定电功率

在直流电路中，额定电压与额定电流的乘积就是用电设备的额定电功率。如果加在用电设备上的电压等于额定电压，通过电流等于额定电流，则用电设备消耗的电功率就等于额定电功率。但是，用电设备实际消耗的电功率，是由实际使用的条件来决定的，不一定等于额定功率。比如额定电压为220V，额定功率为100W的白炽灯，只有接在220V的电源上，它的实际功率才等于额定功率；当电源电压高于220V时，它的实际功率就大于它的额定功率，比正常工作时亮，但是可能会被烧毁；反之，当电源电压低于220V时，它的实际功率小于它的额定功率，比正常工作时暗，甚至不发光。

电气设备在设计制造时，一般都规定了它的额定电压及额定电流。但某些只具有电阻的电气设备，它的电流与电压有正比例的关系，因此只给出其中的一项就够了。例如白炽灯泡只规定额定电压，而变阻器只规定额定电流。

例 1 - 7　把额定电压为 220V，额定功率为 100W 的白炽灯接在 110V 的电压上，求此时白炽灯的实际功率。

解：

首先求出白炽灯的电阻

由 $P_{额} = \dfrac{U_{额}^2}{R}$ 可得

$$R = \frac{U_{额}^2}{P_{额}} = 484\Omega$$

则实际功率 $P_{实} = \dfrac{U_{实}^2}{R} = \dfrac{110^2}{484} = 25\text{W}$

第五节　电阻的串并联及简单直流电路计算

一、电阻的串联

把若干个电阻元件，一个接一个地连接起来，使电流只有一条通路的连接方式叫做电阻的串联。如图 1 - 10（a）所示电路是由 n 个电阻构成的串联电路。

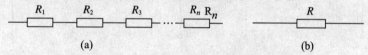

图 1 - 10　电阻的串联及其等效电阻

1. 串联电路的基本特点
- 电路中流过每个电阻的电流都相等，即

$$I_1 = I_2 = I_3 = \cdots = I_n \tag{1-17}$$

- 电路两端的总电压等于各电阻两端的电压之和，即

$$U = U_1 + U_2 + U_3 + \cdots + U_n \tag{1-18}$$

- 电路的等效电阻（即总电阻）等于各串联电阻之和，即

$$R = R_1 + R_2 + R_3 + \cdots + R_n \tag{1-19}$$

在分析电路时，为了方便起见，常用一个电阻来表示几个串联电阻的总电阻，这个电阻叫等效电阻。图 1 - 10（b）所示就是采用等效电阻后的等效电路。

- 电路中各电阻上的电压与各电阻的阻值成正比，即：

$$U_1 : U_2 : U_3 : \cdots : U_n = R_1 : R_2 : R_3 \cdots : R_n \tag{1-20}$$

可见，R_n 越大，所分得的电压 U_n 也越大。

2. 串联电路的应用
- 在实际工作中，当需要较大电阻，而只有较小电阻时，我们可以用串联的方法，把若干较小电阻连接起来来获得较大的电阻。
- 常常采用几个电阻串联构成电阻分压器，使同一电源能供给几种不同的电压；如图 1 - 11 所示，由 3 个电阻构成的分压器。
- 利用串电阻的方法，限制和调节电路中电流的大小。

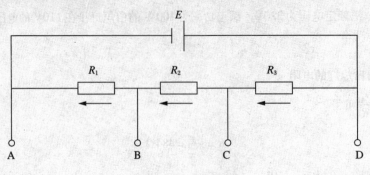

图 1 - 11　分压器原理图

● 在电工测量中，用串联电阻来扩大电压表的量程，以便测量较高的电压等。

例 1 - 8　现有一表头，如图 1 - 12 （a） 所示，满刻度电流 $I_g = 1mA$，表头的电阻 $R_g = 1k\Omega$。要将其改装成量程为 11V 的电压表，应串联一个多大的电阻？

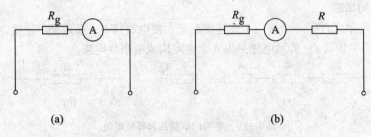

(a)　　　　　　　　　　　　　　　　(b)

图 1 - 12　电压表扩大量程原理图

解：

当该表头电流满刻度时，此时承受的电压最大，根据欧姆定律可知这时表头的端电压为

$$U_g = R_g I_g = 1 \times 10^3 \times 1 \times 10^{-3} = 1V$$

很显然此表头最大只能测量 1V 的电压，若想使量程扩大到 11V，就需要串联一个电阻 R，如图 1 - 12 （b） 所示，R 上应分得电压为

$$U_R = 11 - 1 = 10V$$

因为串联电路中各点电流都相等，即 $I = \dfrac{U_g}{R_g} = \dfrac{U_R}{R}$

所以　$R = \dfrac{U_R}{I_g} = \dfrac{10}{1 \times 10^{-3}} = 10 \ k\Omega$

即要把表头改装成量程为 11V 的电压表，应串联一个 10 kΩ 的电阻。

二、电阻的并联

把若干个电阻元件并列地连接在两个共同端点之间，使每一电阻两端都承受同一电压，这种连接方式，叫做电阻的并联。图 1 - 13 （a） 所示电路是由三个电阻构成的并联电路。

1. 并联电路的特点

● 电路中各电阻两端的电压相等，并且等于电路两端的电压，即

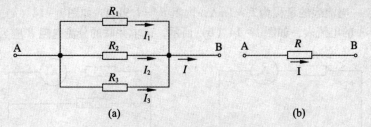

图 1-13 电阻的并联及其等效电阻

$$U = U_1 = U_2 = \cdots = U_n \qquad (1-21)$$

由图 1-13（a）可见，每个电阻两端的电压都等于 A、B 两点的电压。

● 电路的总电流等于各电阻中的电流之和，即

$$I = I_1 + I_2 + \cdots + I_n \qquad (1-22)$$

● 电路的等效电阻（即总电阻）的倒数，等于各并联电阻的倒数之和，即

$$\frac{1}{R} = \frac{1}{R_1} + \frac{1}{R_2} + \frac{1}{R_3} + \cdots + \frac{1}{R_n} \qquad (1-23)$$

计算出总电阻后，图 1-13（a）就可等效为图 1-13（b）。

若并联各电阻的阻值都相同，则有

$$R = \frac{R_n}{n} \qquad (1-24)$$

两个并联电阻的总电阻 R 为

$$R = \frac{R_1 R_2}{R_1 + R_2} \qquad (1-25)$$

可以看出，并联电路的等效电阻总是比任何一个分电阻都小；若两个电阻相等，并联后等效电阻等于一个电阻的一半；若两个阻值相差很大的电阻并联，等效电阻近似等于小电阻的阻值。

● 在电阻并联电路中，各支路分配的电流与支路的电阻值反比。根据式（1-2）可得

$U = U_n$，$U = IR$，$U_n = I_n R_n$，即 $IR = I_n R_n$，也就是

$$\frac{I}{I_n} = \frac{R_n}{R} \text{或} I_n = \frac{R}{R_n} I \qquad (1-26)$$

在并联电路的计算中，最常用的是两条支路的电流公式，根据式（1-26）可得

$$I_1 = \frac{R_2}{R_1 + R_2} I \qquad I_2 = \frac{R_1}{R_1 + R_2} I \qquad (1-27)$$

其中 I 为总电流。

2. 并联电路的应用

● 凡额定电压相同的负载几乎全采用并联，这样，任何一个负载正常工作时都不影响其他负载，人们可根据需要来启动或断开各个负载。比如我们日常生活中的各种照明灯具以及家用电器都是并联使用的。

● 根据并联后总电阻减小的特点，有时将几个大阻值的电阻并联起来配成小阻值电阻以满足电路的要求。比如我们可以用两个 10Ω 的电阻并联，就可以获得 5Ω 的电阻值。

● 在电工测量中，经常在电流表两端并接分流电阻，以扩大电流表的量程。

例 1 – 9 一电流表的量程为 $I_g = 1\text{mA}$，内阻 $R_g = 1.9\text{k}\Omega$，如图 1 – 14（a）。若将其改装为量程为 20mA 的电流表，如图 1 – 14（b）所示，试求并联的分流电阻 R 应为多少？

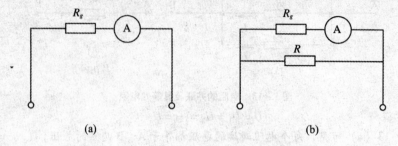

(a)   (b)

图 1 – 14　电流表扩大量程原理图

解：

由并联电路的特点可知：分流电阻 R 上的电流 $I_R = I - I_g = 20 - 1 = 19\text{mA}$

分流电阻上的电压 $U_R = U_g = I_g R_g = 1 \times 10^3 \times 1.9 \times 10^3 = 1.9\text{V}$

根据欧姆定律可得：

$$R = \frac{U_R}{I_R} = \frac{1.9}{19 \times 10^{-3}} = 100\Omega$$

即分流电阻 R 应为 100Ω。

三、电阻的混联

如果在一个电路中，既存在电阻的串联，又有电阻的并联，这就是电阻的混联。如图 1 – 15 所示，就是由 3 个电阻组成的电阻混联电路。在混联电路中，串联部分具有串联电路的特点，并联部分拥有并联电路的特点。

混联电路等效电阻的计算方法和步骤：

（1）首先看清混联电路中各电阻之间的关系，在此基础上画出等效电路图。如图 1 – 15 所示电路，它是由 R_2 和 R_3 先并联后再与 R_1 串联而成的。据此画出它的等效电路图，如图 1 – 16。

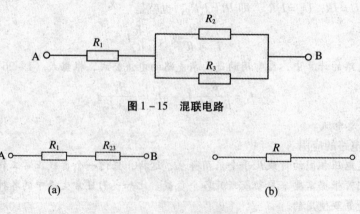

图 1 – 15　混联电路

(a)   (b)

图 1 – 16　等效电路图

（2）用电阻的串联和并联公式把电路简化，求出等效电阻。

例1-10 在图1-15中，已知 $R_1 = R_2 = R_3 = 10\Omega$，试求 AB 间的电阻 R_{AB}。

解：

画出等效电路图，先求 R_3 与 R_2 并联的等效电阻 R_{23}，由于 R_3 与 R_2 相等，所以有：

$$R_{23} = R_3 / 2 = 5\Omega$$

R_1 与 R_{23} 是串联关系，所以

$$R_{AB} = R_1 + R_{23} = 10 + 5 = 15\Omega$$

四、简单直流电路的计算

所谓简单直流电路就是指运用欧姆定律和电阻串并联公式就能求解的直流电路。简单直流电路的分析求解步骤如下：

- 首先根据各电阻之间关系画出等效电路图，求得等效电阻；
- 用欧姆定律求出总电流；
- 根据总电流计算各电阻上的电流。

例1-11 如图1-17所示电路中，已知 A、B 两点间的电压 $U_{AB} = 20V$，$R_1 = R_2 = R_4 = 10\Omega$，$R_3 = 20\Omega$。试求电路中各个电阻上的电流。

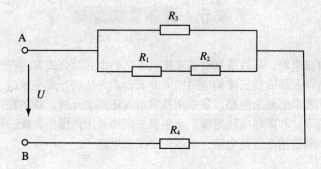

图 1-17 简单直流电路

解：

首先画出该电路的系列等效电路，如图1-18。

R_{12} 是 R_1、R_2 串联后的等效电阻：$R_{12} = R_1 + R_2 = 10 + 10 = 20\Omega$

R_{123} 是 R_{12}、R_3 并联后的等效电阻：$R_{123} = \dfrac{R_{12}R_3}{R_{12} + R_3} = \dfrac{20 \times 20}{20 + 20} = 10\Omega$

R 是该电路总电阻，它是 R_{123} 与 R_4 串联后的等效电阻：$R = R_{123} + R_4 = 10 + 10 = 20\Omega$

根据欧姆定律，总的电流 $I = \dfrac{U_{AB}}{R} = \dfrac{20}{20} = 1A$

根据串联电路的特点，R_4 上的电流 $I_4 = I = 1A$

根据并联电路的特点，因为 $R_{12} = R_3$，

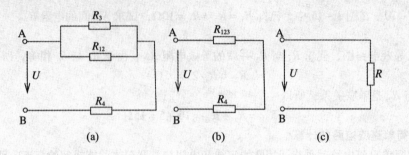

图 1-18　系列等效电路图

所以 $I_{12} = I_3 = I/2 = 1 \div 2 = 0.5A$

由于 R_1、R_2 串联，所以根据串联电路的特点：

$I_1 = I_2 = I_{12} = 0.5A$

即电阻 R_1、R_2、R_3 上的电流为 0.5A，电阻 R_4 的电流为 1A。

第六节　基尔霍夫定律

对于简单的直流电路，可以依靠欧姆定律及电阻的串并联公式来进行分析和求解。但是实际中的大多数电路只靠欧姆定律和电阻的串并联公式无法进行完全求解，这样的电路我们称之为复杂电路。要求解复杂电路，需要用基尔霍夫定律来分析。基尔霍夫定律包括两条基本定律：节点电流定律和回路电压定律。基尔霍夫定律适用范围广，既适用于简单电路，也适用于复杂电路；既适用于直流电路，也适用于交流电路。

小梯囊

在学习基尔霍夫定律之前，先介绍几个有关复杂电路的名词。

(1) 支路　由一个或几个元件首尾相接构成的一段无分支电路称为支路。在同一支路内，流过所有元件的电流相等。在图 1-19 中有三条支路，即 DEAB、BD、BCFD 支路。其中 DEAB、BCFD 两支路中分别含有电源 E_1、E_2，称为有源支路；BD 支路没有电源，称为无源支路。

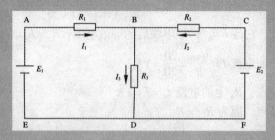

图 1-19　复杂电路

(2) 节点　三条或三条以上支路的汇聚点叫做节点。图 1-19 中 B 点和 D 点都是节点。

(3) 回路　电路中任意一个闭合路径称为回路。图 1-19 中的 ABDEA、CBDFC、AB-CFDEA 都是回路。

一、基尔霍夫第一定律

基尔霍夫第一定律也称节点电流定律（KCL）。此定律说明了汇集在同一节点上的几条支路中电流之间的关系，其内容是：对于电路中任意一个节点，流入该节点的电流之和等于流出该节点的电流之和，即

$$\sum I_\text{入} = \sum I_\text{出} \tag{1-28}$$

如图 1-19 所示，有 3 条支路汇聚于 B 点，其中 I_1 和 I_2 是流入节点 B 的，I_3 是流出节点 B 的，由 KCL 可得：

$$I_1 + I_2 = I_3$$

或

$$I_1 + I_2 - I_3 = 0$$

如果我们规定流入节点的电流为正，流出节点的电流为负，那么，基尔霍夫第一定律内容也可叙述为：电路中任意一个节点上，电流的代数和恒等于零，即

$$\sum I = 0 \tag{1-29}$$

应该指出，在分析与计算复杂电路时，计算前不知道每一支路中电流的实际方向，这时可以任意假设各个支路中电流的参考方向，并且标在电路图上。若计算结果中，某一支路的电流为正值，表明该支路电流实际方向与参考方向相同；如果某一支路的电流为负值，表明该支路电流实际方向与参考方向相反。

基尔霍夫第一定律适用于节点，同时也可以推广应用于任何假设的闭合区域，如图 1-20，对于闭合区域 S，流入的电流之和与流出的电流之和也是相等的，即对于闭合区域 S 有：

$$I_1 + I_2 = I_3 + I_4 + I_5$$

这些闭合区域我们称之为广义节点。

例 1-12　如图 1-21 所示，已知晶体三极管发射极电流 $I_e = 0.8\text{mA}$，集电极电流 $I_c = 0.78\text{mA}$，试求基极电流 I_b。

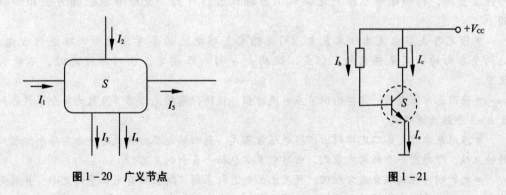

图 1-20　广义节点　　　　　　　　　　图 1-21

解：

我们把晶体三极管看作是一个广义节点 S，根据 $\sum I_\text{入} = \sum I_\text{出}$ 有：

$$I_b + I_c = I_e$$

整理得：

$$I_b = I_e - I_c = 0.8 - 0.78 = 0.02\text{mA}$$

即晶体三极管基极电流为 0.02mA。

二、基尔霍夫第二定律

基尔霍夫第二定律也称回路电压定律（KVL）。它确定了电路中任一回路中各部分电压之间的关系。其内容是：对于电路中的任一回路，沿其任意方向绕行一周，各段电压的代数和等于零，其表达式为

$$\sum U = 0 \tag{1-30}$$

应用基尔霍夫第二定律列方程时，式中各项符号的正负，应按下述规则来确定。

● 回路绕行方向是任意选定的，顺时针或逆时针均可；

● 电动势正负号的确定：首先选定参考方向，若电动势的参考方向与回路绕行一致，取负号；反之，电动势取正号。

● 各支路电压正负号的确定：首先选定各支路电流的参考方向，若参考方向与回路绕行方向一致，则该支路上的电压取正号，相反时取负号。

例如，在图 1-19 中，就回路 ABCFDFA 而言，按顺时针绕行一周，可写出方程式：

$$I_1R_1 + (-I_2R_2) + E_2 + (-E_1) = 0$$

把上式整理可得

$$I_1R_1 + (-I_2R_2) = E_1 + (-E_2)$$

所以基尔霍夫第二定律也可以表述为：对于电路中的任一回路，沿其任意方向绕行一周，电动势的代数和等于各支路电阻上电压的代数和，即

$$\sum IR = \sum E \tag{1-31}$$

例如，在图 1-19 中，就回路 ABDFA 而言，按顺时针绕行一周，可写出方程式：

$$I_1R_1 + I_3R_3 = E_1$$

应用基尔霍夫定律求解复杂电路的一般方法是：先指定若干个独立变量，并列出与独立变量个数相同的独立方程，然后解方程组求得最后结果。

应用基尔霍夫定律求解复杂电路最常用的方法是支路电流法，即指定各支路电流为独立变量，再根据基尔霍夫定律列出方程式进行计算。支路电流法的方法和步骤如下：

● 指定各支路电流为独立变量，同时指定支路电流的参考方向和回路绕行方向，这两个方向的指定是任意的。但是，这两个方向一旦指定，在列方程式时，不能再改变。

● 应用基尔霍夫第一定律列出节点电流方程。值得注意的是，若节点数为 n 个，只能列出 $n-1$ 个独立方程式。

● 应用基尔霍夫第二定律列出回路电压方程。列回路电压方程式时应注意每个方程式的独立性，即每列一个新的方程式，回路中至少包括一条新的支路。

● 把所列方程式联立成方程组，代入已知数进行求解，解出所有未知量的大小，并确定其实际方向。实际方向的确定是根据计算结果的正负来判断的。结果为正，说明实际方向与指定参考方向一致；反之，与指定参考方向相反。

例 1-13 如图 1-19 所示电路中，已知：$R_1 = 10\Omega$，$R_2 = 20\Omega$，$R_3 = 30\Omega$，$E_1 = E_2 = 11V$，试求各支路电流。

解：

（1）首先指定各支路电流的正方向与回路的绕行方向，如图 1-22。

（2）应用基尔霍夫第一定律列出节点电流方程式。可以看出，此电路中有两个节点，

只能列出一个独立方程式，即对于节点 B 有

$$I_1 + I_2 = I_3 \qquad \text{①}$$

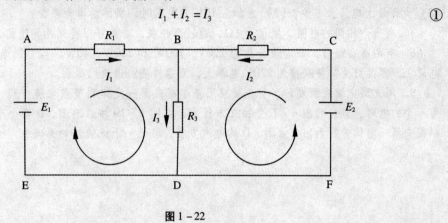

图 1 - 22

（3）根据基尔霍夫第二定律分别列出回路 ABDEA 和 CBDFC 的电压方程：

$$E_1 = I_1 R_1 + I_3 R_3 \qquad \text{②}$$
$$E_2 = I_1 R_2 + I_3 R_3 \qquad \text{③}$$

（4）①②③式联立并代入已知数得：

$$\begin{cases} I_1 + I_2 = I_3 \\ E_1 = 10I_1 + 30I_3 \\ E_2 = 20I_2 + 30I_3 \end{cases}$$

（5）解此方程组得：

$$I_1 = 0.2\text{A}$$
$$I_2 = 0.1\text{A}$$
$$I_3 = 0.3\text{A}$$

由于三个支路电流值均为正值，所以它们的实际方向与参考方向一致。

1．下面几种说法是否正确，为什么？

（1）通过导体截面的电量越多，则电流越大。

（2）电阻越大的电阻元件，其制作材料的电阻率也越大。

（3）当加在电阻两端的电压为零时，电阻的阻值也为零。

（4）电位随参考点的改变而改变，电压不随参考点的改变而改变。

（5）绝缘材料的绝缘是相对的。

2．将一电炉的电阻丝剪去一段后重新接入电路中，则电炉的电阻值会变大还是变小？电炉消耗的功率会变大还是变小？

3．如果人体最小的电阻为 800Ω，已知通过人体的电流为 45mA 时会引起呼吸器官麻痹，不能自主摆脱，试求安全工作电压。

4．日常用的白炽灯灯丝断裂后再搭上使用，往往要比原来更亮些，这是为什么？

5．一个电源当输出电流为 0.5A 时，输出电压为 10V，当输出电流为 1A 时，输出电压为 9.8A。试求电源电动势及内阻为多少？

6. 有一只额定值标为"100Ω 100W"的电阻元件。问：（1）允许最大电流为多少？（2）允许最大电压为多少？（3）当加上10V的电压时，实际功率为多少？

7. 有三个相同的电阻，阻值为1Ω，通过串并联，总共可以得到几种阻值。

8. 有两盏白炽灯，额定值分别为220V，100W和220V，40W。当它们串联接到220V电源上，哪盏灯亮？并联接到220V电源上，哪盏灯亮？请说明原因。

9. 用支路电流法解题时，首先要应用基尔霍夫第一定律列节点电流方程，对于节点数为n个的电路，只能列出$n-1$个独立方程式，在图1-19中，有B、D两个节点，试用基尔霍夫第一定律分别列出节点B、D的电流方程，验证一下此说法的正确性。

常用电工测量仪表的使用

本章主要讲述了一些常用电工测量仪表的使用，其中包括万用表、摇表、钳形电流表等。

1. 了解电工仪表的基本知识；
2. 掌握常用测量仪表的使用方法及其使用时的注意事项。

* * * * * * * * * * *

第一节　电工测量仪表的基本知识

一、常用电工测量仪表的分类

用来测量各种电量、磁量及电路参数的仪器、仪表统称为电工测量仪表。电工测量仪表的种类繁多，分类方法不一。常用的分类方法有：

● 按工作原理的不同分为：磁电系、电磁系、电动系、感应系、整流系、铁磁电动系、电子系、静电系等。

● 按被测量的对象分为：电压表、电流表、电容表、兆欧表、功率表、电能表、频率表、相位表、功率因数表、万用表等。

● 按测量的电流种类分为：直流仪表、交流仪表和交直流两用仪表。

● 按电工测量仪表本身的准确度等级分类：有0.1、0.2、0.5、1.0、1.5、2.5、5.0共七级。数字越小，仪表的误差越小，准确度等级也越高。

除上述分类方法外，还有其他分类方法。比如按读数方法、使用方法和使用条件的不同分类等。

二、电工测量仪表的误差

测量是人们通过专用的测量设备，使用实验方法，对客观事物获得认识的过程。而以电工电子技术理论为依据，以电工电子测量仪器和设备为手段，以待测量（电量或非电量）为对象进行的测量过程称为电工电子测量。在测量过程中，无论使用何种测量仪表都会产生误差。这是因为，仪表本身的误差是客观存在的，当用仪表进行测量时，仪表的指示值与被测量的实际值之间总有差异。

根据产生误差的原因，电工测量仪表误差分为两类：基本误差和附加误差。基本误差是由于仪表本身的结构、材料及制作工艺等方面的不完善而造成的，是仪表本身所固有的；附加误差是由于没有在其工作条件（规定的温度范围、频率范围等）之内而产生的误差，是外界条件变化引起的。

三、电工测量仪表的读数与有效数字

使用仪表的最终目的是获得测量结果，该结果又只能取近似值——由可靠位加上一位估计位组成的数字，即有效数字。仪表使用中规定：测量结果的有效数字的最后一位（估计位）应与仪表的绝对误差对齐，而且有效数字位数的多少不应随读数单位的改变而变化。所以，在进行仪表的读数时，不能随意增减读数的有效数字位数。

四、电工测量指示仪表的选择原则

欲使测量结果准确、可靠，就必须从被测量的实际情况和实验测试的具体要求出发，正确选择仪表。仪表的选择原则如下：

● 根据被测量的性质选择合适的仪表类型。主要考虑：电压还是电流；直流还是交流；正弦波还是非正弦波；高频还是低频等。

● 根据被测线路阻抗的大小，选择内阻符合要求的仪表。一般要求：电压表的输入电阻 R_V 应大于等于被测对象等效电阻 R 一百倍；电流表内阻 R_A 应小于等于与电流表串联的支路电阻 R 的百分之一。另外，在频率较高的交流电路测量中，还应考虑电抗成分的影响。

● 根据实际需要和节约的原则，选择满足测量精度要求的准确度等级。仪表的准确度等级越高，测量结果越可靠，但价格也越昂贵。因此选择仪表不能一味追求高准确度，应在满足测量要求的前提下，选择适当准确度等级的仪表。通常作标准仪表或作精密测量用可选0.2级以上仪表；作实验室测量用可选0.5~2.5级仪表；作一般监视用可选准确度较低的仪表。

● 根据使用场所及工作条件的不同，选择所需的测量仪表。

小锦囊

仪表的使用注意事项

● 正确选择量程，以保证测量准确度和仪表安全。量程选择过大，会造成测量精确度降低；量程选择过小，会损坏仪表。

● 正确使用测试棒，以减少人体对测量结果的影响，同时保证人身安全。

● 在测量较高电压和较大电流时，不能带电转动仪表的开关旋钮。

● 应按表盘标记和使用说明书正确使用仪表，如放置位置、绝缘和防外磁场的要求、校准和刻度读数的要求等。

第二节　常用电工测量仪表的使用

一、万用表

万用表又叫多用表、复用表，是一种多功能、多量程的测量仪表。一般万用表可测量直流电流、直流电压、交流电压、电阻和音频电平等，有的还可以测交流电流、电容量、电感

量及半导体的一些参数（如 β ）。万用表分为模拟式和数字式，下面分别介绍它们的使用方法。

1. 模拟万用表

模拟万用表种类很多，外形各异，但基本结构和使用方法是相同的。如图 2-1 所示为 MF500 型万用表的面板图，我们以 MF500 型万用表为例，来介绍模拟万用表的使用。

（1）万用表由表头、测量电路及转换开关三个主要部分组成。

●表头　它是一只高灵敏度的磁电式直流电流表，万用表的主要性能指标基本上取决于表头的性能。表头上有四条刻度线，分别如下：第一条（从上到下）标有 Ω，当转换开关在欧姆挡时，读此条刻度线。其右端为零，左端为∞，刻度值分布是不均匀的；第二条标有 ≂，指示的是交、直流电压和直流电流值。当转换开关在交、直流电压或直流电流挡，量程在除交流 10V 以外的其他位置时，读此条刻度线；第三条标有 10V，指示的是 10V 的交流电压值，当转换开关在交流电压挡，量程在交流 10V 时，读此条刻度线。第四条标有 dB，指示的是音频电平。

●测量线路　测量线路是用来把各种被测量转换到适合表头测量的微小直流电流的电路，它由电阻、半导体元件及电池组成。它能将各种不同的被测量（如电流、电压、电阻等），经过一系列的处理（如整流、分流、分压等）统一变成一定量限的微小直流电流送入表头进行测量。

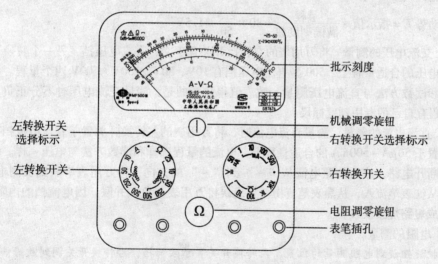

图 2-1　MF500 型万用表面板示意图

●转换开关　其作用是用来选择各种不同的测量线路，以满足不同种类和不同量程的测量要求。转换开关有两个，分别用来选择测量项目和量程，这两个转换开关必须配合使用，才能使万用表正常工作。

（2）使用万用表前的准备工作。

●熟悉表盘上各符号的意义及各个旋钮和选择开关的主要作用。

●进行机械调零。即检查表针是否停在表盘左端的零位。如有偏离，可用小螺丝刀轻轻转动表头上的机械零位调整旋钮，使表针指零。

● 根据被测量的种类及大小，选择转换开关的挡位及量程，找出对应的刻度线。

● 选择表笔插孔的位置，表笔分为红、黑两只。使用时应将红色表笔插入标有 " + " 号的插孔，黑色表笔插入标有 " - " 号的插孔。

（3）电压、电流、电阻的测量方法。

1）直流电压的测量 将万用表的右侧转换开关置于交、直流电压挡，左侧转换开关置于直流电压的合适量程上，500 型直流电压挡有 2.5V、10V、50V、250V、500V 五个量程，根据实际情况进行选择。如果用小量程去测量大电压，则会有烧表的危险；如果用大量程去测量小电压，指针偏转太小，读数误差大。量程的选择应尽量使指针偏转到满刻度的三分之二以上。如果事先不清楚被测电压的大小时，应先选择最高量程挡，然后逐渐减小到合适的量程。量程选好后，需要把万用表并接在被测对象两端，红表笔接到被测电压的高电位处，黑表笔接到低电位处，即让电流从红表笔流入，从黑表笔流出。这时指针就会有一个偏转，我们可以在刻度标尺上读出相应的电压值，读数方法是：

$$实际值 = 指示值 \times \frac{量程}{满偏刻度数} \qquad (2-1)$$

例 2-1 测量一节干电池电动势，指示值为 30，此时量程选择为 2.5V，满偏刻度数为 50，试问此干电池的电动势为多少？

解：

根据式（2-1）：

$$电动势 \; E = 指示值 \times \frac{量程}{满偏刻度数} = 30 \times \frac{2.5}{50} = 1.5V$$

2）交流电压的测量 将万用表的右转换开关置于交、直流电压挡，另一个转换开关置于交流电压的合适量程上。500 型直流电压挡有 10V、50V、250V、500V 四个量程。其他操作步骤和读数方法与直流电压测量一致。值得注意的是：测量交流电压时不分正负，交流 10V 量程有自己的专用刻度标尺。

3）直流电流的测量 测量直流电流时，将万用表的左转换开关置于直流电流挡，右转换开关置于 $50\mu A \sim 500mA$ 的合适量程上，电流的量程选择和读数方法与电压一样。测量时必须先断开电路，然后按照电流从 " + " 到 " - " 的方向，将万用表串联到被测电路中，即电流从红表笔流入，从黑表笔流出。如果误将万用表与负载并联，因电流挡的内阻很小，从而造成短路烧毁仪表。

4）电阻的测量。

● 把旋钮旋到电阻测量的位置，左转换开关置于欧姆挡，右转换开关调到欧姆倍乘数区间。欧姆的倍乘数包括 1、10、100、1k、10k 五个。

● 在进行电阻测量之前，一定要先进行欧姆调零。具体方法是：把两个表笔的金属部位短接，这时万用表的表针向右旋转，这时要使用电阻专用调零旋钮，顺时针或逆时针旋转，使表针指向电阻的零位。如果指针不能调到零位，说明电池电压不足或仪表内部有问题。并且每换一次倍乘挡，都要再次进行欧姆调零，以保证测量准确。注意：动作要快。调零完毕后，把两表笔立刻分开，以免过度消耗其内部供电电源。

● 把红黑表笔的金属端分别接在电阻的两端，万用表的指针就会有一个偏转，我们可以在电阻刻度标尺上读出一个数值（注意：电阻读数是从右向左的），把这个数值和右转换开关的倍乘数相乘。结果就是实际的电阻值。例如测量一个电阻时，指示值为 16，倍率挡为

100，那被测电阻的实际阻值为 $16 \times 100 = 1.6k\Omega$。值得注意的是：测量电阻时，红表笔接内部电源的负极，黑表笔为内部电源的正极。

●倍乘数的选择，有时我们会发现指针太偏右，或太偏左。这就是选择倍乘数不合适的原因。万用表欧姆挡的刻度线是不均匀的，所以倍乘挡的选择应使指针停留在刻度线较稀的部分为宜，且指针越接近刻度尺的中间，读数越准确。一般情况下，应使指针指在刻度尺的 $1/3 \sim 2/3$ 间。

（4）模拟万用表使用的注意事项

●测量时，万用表应水平放置，以免造成误差，同时还要注意外界磁场对万用表的影响。

●在测电流、电压时，不能带电换量程。

●在测量过程中，禁止用手触摸表笔的金属部分，这样一方面可以保证测量结果的准确性，另一方面又可以保证人身安全。

●测电阻时，不能带电测量。因为测量电阻时，万用表由内部电池供电，如果带电测量则相当于接入一个额外的电源，可能损坏表头。

●测量结束后，应拔出表笔，并使转换开关在交流电压最大挡位或空挡上。

●若长期不用，需将表内电池取出，以防电池电解液渗漏而腐蚀内部电路。

2．数字万用表

当今，数字式万用表已应用的很普遍。与模拟式万用表相比，数字式万用表具有灵敏度高，准确度高，显示清晰，过载能力强，便于携带，使用更简单等特点。下面以 MAS830L 型数字万用表为例（图 2-2），简单介绍其主要功能的使用方法及其使用注意事项。

面板示意图中各部分名称及简单说明：

●显示器

$3\frac{1}{2}$ 位，字高 15mm，7 段 LCD 显示器

●背光 BACK LIGHT

按 BACK LIGHT 键，背光点亮，约 5s 后自动熄灭。再要点亮，需再按一次。

●功能量程开关

用于选择各功能和量程

●VΩmA 插孔

●COM 插孔

●10A 插孔

●数据保持开关 HOLD

在测量中按 HOLD 键，仪表显示器上将保持测量的最后读数并且 LCD 上显示"H"符号；释放数据开关，仪表即恢复正常测量状态。

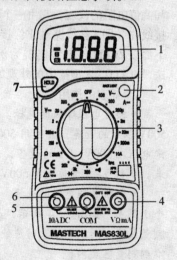

图 2-2　MAS830L 面板示意图

（1）使用方法

●电压的测量：根据需要将量程开关拨至 V⎓（直流）或 V～（交流）的合适量程，红表笔插入 VΩmA 孔，黑表笔插入 COM 孔，并将表笔与被测线路并联，读数即显示。测量直流量时，数字万用表能自动显示极性。

● 直流电流的测量：将量程开关拨至 A̱（直流）的合适量程，红表笔插入 VΩmA 孔，黑表笔插入 COM 孔，并将万用表串联在被测电路中即可。

● 电阻的测量：将量程开关拨至 Ω 的合适量程，红表笔插入 VΩmA 孔，黑表笔插入 COM 孔。如果被测电阻值超出所选择量程的最大值，万用表将显示"1"，这时应选择更高的量程。在测量 1MΩ 以上的电阻时，可能需要几秒钟后读数才能稳定，这对于高阻测量是正常的。测量电阻时，红表笔为正极，黑表笔为负极，这与指针式万用表正好相反。因此，测量晶体管、电解电容器等有极性的元器件时，必须注意表笔的极性。

（2）数字万用表的使用注意事项

● 使用前，应认真阅读有关的使用说明书，熟悉各功能按键、量程开关、插孔、特殊插口的作用。

● 如果无法预先估计被测电压或电流的大小，则应先拨至最高量程挡测量一次，再视情况逐渐把量程减小到合适位置。测量完毕，应将量程开关拨到最高电压挡，并关闭电源。

● 禁止在测量电压或电流时换量程，以防止产生电弧，烧毁开关触点。

● 在测量过程中，禁止用手触摸表笔的金属部分。

● 当屏幕显示"LOW BAT"等低电压标志时，表示电池电压低于工作电压，应更换电池。长时间不用万用表时应取出电池。

二、摇表

摇表又称兆欧表，是用来测量被测设备的绝缘电阻和高值电阻的仪表，它由一个手摇发电机、表头和三个接线柱（即 L：线路端 E：接地端 G：屏蔽端）组成。下面以 ZC11D－3 型摇表为例，来说明摇表的使用方法。ZC11D－3 型摇表的外观如图 2－3 所示。

1. 摇表的选用原则

● 额定电压等级的选择。一般情况下，额定电压在 500V 以下的设备，应选用 500V 或 1 000V 的摇表；额定电压在 500V 以上的设备，选用 1 000～2 500V 的摇表。ZC11D－3 型摇表是 500V 的摇表。

● 电阻量程范围的选择。摇表的表盘刻度线上有两个小黑点，如图 2－4 所示，小黑点之间的区域为准确测量区域。所以在选表时应使被测设备的绝缘电阻值在准确测量区域内。

2. 摇表的使用

● 测量前应将摇表进行一次开路和短路试验，检查摇表是否良好。方法是将两连接线开路，摇动手柄，指针应指在"∞"处，再把两连接线短接一下，指针应指在"0"处，符合上述条件者即良好，否则不能使用。

● 测量前被测设备应与线路断开，对于大电容

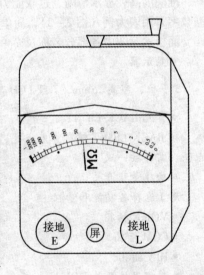

图 2－3　ZC11D－3 型摇表面板示意图

图 2－4　ZC11D－3 型摇表批示刻度

设备还要进行放电。否则可能损坏摇表，甚至造成人身触电事故。

● 选用电压等级符合的摇表。

● 测量绝缘电阻时，一般只用"L"和"E"端，但在测量电缆对地的绝缘电阻或被测设备的漏电流较严重时，就要使用"G"端，并将"G"端接屏蔽层或外壳。线路接好后，按顺时针方向转动摇把，摇动的速度应由慢而快，当转速达到每分钟120转左右时，保持匀速转动，1分钟后读数，并且要边摇边读数，不能停下来读数。

● 拆线放电。读数完毕，一边慢摇，一边拆线，然后将被测设备放电。放电方法是将测量时使用的地线从摇表上取下来与被测设备短接一下即可。注意不是给摇表放电。

3. 注意事项

● 禁止在雷电时或高压设备附近测绝缘电阻，只能在设备不带电，也没有感应电的情况下测量。

● 摇测过程中，被测设备上不能有人工作。

● 摇表线不能绞在一起，要分开，以免造成误差。

● 摇表未停止转动之前或被测设备未放电之前，严禁用手触及。拆线时，也不要触及引线的金属部分。

● 测量结束时，对于大电容设备要放电。

● 要定期校验其准确度。

三、钳形电流表

钳形电流表是一种用于测量正在运行的电气线路的电流大小的仪表，可在不断电的情况下测量电流。有些钳形电流表还可以测量电压和电阻，比如 MG27 型袖珍钳形表。下面以 MG27 型袖珍钳形表为例说明钳形电流表的使用方法及注意事项。

1. 结构及原理

钳形电流表实质上是由一只电流互感器、钳形扳手和一只整流式磁电系仪表所组成。

2. 交流电流的测量方法

● 测量前要机械调零。使用前观察指针是否在电流零位上，如不在零位上，就需要调整表盖上的机械零位调节钮，使之恢复至零位上。

● MG27 型袖珍钳形表有 10A、50A、250A 三个量程。根据需要选择合适的量程。如不清楚被测对象的大小，应先选大，后选小量程或看铭牌值估算。

● 当使用最小量程测量，其指针转动也不明显时，可将被测导线绕几匝，匝数要以钳口中央的匝数为准则：

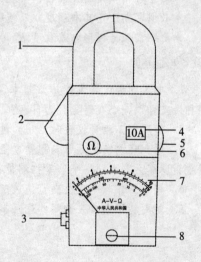

图 2-5 MG27 型钳表面板示意图

1—钳口；2—钳口扳手；3—表笔插孔；4—量程提示；5—转换开关；6—电阻调零旋钮；7—指示刻度；8—机械调零旋钮

$$读数 = \frac{指示值 \times 量程}{满偏 \times 匝数}$$

● 测量时，应使被测导线处在钳口的中央，并使钳口闭合紧密，以减少误差。

● 测量完毕，要将转换开关放在最大量程处。

3. 交流电压的测量方法

● 把两个表笔分别插入两个侧面的两个表笔插孔中，和测电流一样，测量前要机械调零，同测电流调零方法一致。

● 根据被测量的大小选择量程，MG27 型有 300V 和 600V 两个量程。

● 把两个表笔的金属端分别接触被测电路的两端，这时表针偏转，即可在电压刻度区读出数值。读数方法同万用表中电压读数方法。

4. 电阻的测量方法

● 将转换开关调至"Ω"处，同使用万用表欧姆挡测电阻一样，要首先进行欧姆调零，即把两个表笔的金属端相接，调整电阻调零旋钮，使指针指到右边欧姆的零位。这里需要注意的是，MG27 型袖珍钳型表内部没有电源，因此它配有一根能装电池的表笔，这是测电阻专用的。

● 把两表笔分别接于被测电阻的两端，在"Ω"刻度区直接读数即可，值得注意的是，读数应从右向左读。它的测量范围一般在 0～300Ω 之间。

5. 注意事项

● 被测线路的电压要低于钳形电流表的额定电压。对于多功能钳形电流表不能同时测量电流、电压、电阻，否则会损坏仪表。

● 测高压线路的电流时，要戴绝缘手套，穿绝缘鞋，站在绝缘垫上。

● 测量时钳口要闭合紧密，不能带电换量程。

● 必须定期检查其准确度以及绝缘性能，每半年最少一次。

● 要经常保持钳形电流表清洁，尤其钳口接触面必须干净，以免产生附加误差。

每课一练

1. 电工测量仪表误差分为基本误差和附加误差，通过改变电工测量仪表的使用环境，哪种误差可以减小或避免，为什么？

2. 使用电工测量仪表时，用大量程测量小电压或小电流，会出现什么情况？

3. 用 500 型模拟万用表测量电阻，用不同的倍率挡测量同一个电阻，换倍率挡时用不用重新调零？那用同一个倍率挡测量不同的电阻，是否需要每测一个电阻就调一次零？

4. 摇表工作时电压很高，应该怎样做才能不发生危险？

5. 使用钳形电流表有哪些注意事项？

电容和电磁

本章主要讲述电容和电磁的相关知识，其具体内容包括电容器的三种连接，电容器的充电和放电功能；磁场对载流导体的作用，电磁感应和电磁感应定律及互感现象等。

1. 理解电容器和电容量的基本概念，掌握电容器性能指标的意义；
2. 掌握电容器的三种连接方式及其等效电容的计算方法。
3. 理解电容器充放电功能；
4. 理解磁场及其基本物理量的意义，掌握磁场对载流导体的两种作用形式；
5. 了解电磁感应现象，掌握电磁感应定律及其相关计算；
6. 掌握电感及其基本特性的应用；
7. 了解互感现象。

* * * * * * * * * * *

第一节　电容器的基本知识

电容器是电力工程和电子技术中的主要元件之一，它的用途非常广泛。因此，电容和电容器基本知识的掌握是学好交流电路和电子技术的基础。

一、电容器

储存电荷的元件称为电容器。用符号表示，图形符号如图 3-1。

任何两个彼此绝缘但又相互靠近的导体都可以构成电容器，如图 3-2 所示。两个导体中间的绝缘体物质叫做电容器的介质，通常以云母、空气、纸、油、塑料、陶瓷作为介质。构成电容器的两个导体叫极板。最简单的电容器是平行板电容器。它由两块平行且靠的很近而又彼此绝缘的金属板组成。

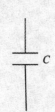

图 3-1　电容器的符号

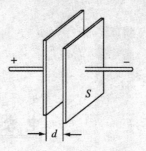

图 3-2　电容器的结构

二、电容量

把电容器两个极板引出的引线分别接到电源的正负极，则由于电场力的作用，两个平行板中与正极相连的一个带正电荷，与负极相连的一个带等量的负电荷，电容器的两个极板间就有了电压 U，并且 U 随着极板上电荷量的增多而升高。实验证明：任何一个电容器两极板间的电压 U 都随着所带电荷量 Q 的增加而增加，并且对于固定的电容器，电量 Q 与电压 V 的比值是一个常数。而对于不同的电容器，一般情况下，这一比值不同，可见，电量 Q 与电压 U 的比值表征了电容器的固有特性。我们把 $\dfrac{Q}{U}$ 称为电容器的电容量，简称电容，用字母 C 来表示。

显然，当 U 一定时，这个比值越大，表明 Q 越多，即容纳电荷的本领就越强。具体的表达式是

$$C = \frac{Q}{U} \tag{3-1}$$

式中　Q——极板上的电荷量，单位是库仑（C）；

　　　U——两极板间的电压，单位是伏特（V）；

　　　C——电容量，单位是法拉（F）。

上式的物理意义是：电容在数值上等于单位电压作用下极板所储存的电荷量。法拉是一个很大的单位，常用的电容的小单位有微法（μF）、皮法（pF），它们之间的换算关系是：

$$1F = 10^6 \mu F$$

$$1\mu F = 10^6 pF$$

通常电容器和电容量都简称为电容，但是，电容器和电容量是两个不同的概念：电容器是储存电荷的工具；电容量是衡量电容器储存电荷能力大小的物理量。

三、平行板电容器的电容

和电阻类似，电容 C 是电容器的固有特性。其大小只与其结构有关，而与外界条件无关。经理论推导和实践证明：平行板电容器的电容与两个极板间的正对面积成正比，与两极板间的距离 d 成反比，还与极板间介质的介电常数 ε 有关。

计算公式为：

$$C = \varepsilon \frac{S}{d} \tag{3-2}$$

式中　ε——电介质的介电常数，单位是法/米（F/m）；

S——极板的正对面积，单位是平方米（m^2）；

d——极板间的距离，单位是米（m）。

上式说明，对某一个平行板电容器而言，它的电容值是一个确定值，其大小只与 ε、S、d 有关。

不同电介质的介电常数是不同的。真空中的介电常数用 ε_0 表示，试验证明，$\varepsilon_0 = 8.85 \times 10^{-12}\text{F/m}$。

某种介质的介电常数 ε 与 ε_0 之比，叫做该介质的相对介电常数，用 ε_r 表示，即 $\varepsilon_r = \varepsilon/\varepsilon_0$ 或 $\varepsilon = \varepsilon_r \varepsilon_0$。因此，上式还可写为

$$C = \frac{\varepsilon_r \varepsilon_0 S}{d} \tag{3-3}$$

不同的电介质相对介电常数 ε_r 如表 3-1。

应该注意的是：并不是只有电容器才有电容，实际上任何两个导体之间都存在电容，只是它的数值很小，但当传输的线路很长或所传输的信号频率很高时，电容会给这些线路或电子设备的正常工作带来干扰，应注意防护。

四、电容器的性能指标

1. 电容器的额定工作电压

电容器的额定工作电压是指电容器长时间工作时所能承受的最大电压，习惯上称之为耐压。此值一般标在电容器的外壳上。如果超过这一数值，它将会被击穿，如果电容器接在交流电路中，则交流电压的峰值不能超过电容器的额定工作电压，否则，它也会被击穿。

2. 标称容量与允许误差

标称容量指外壳上所标明的电容值，如 470 μF，4 700 pF 等。此值表示电容器存储电荷的最大能力。允许误差指标称容量与实际容量之间的差额，这一误差在国家标准规定的允许范围之内，如 $\pm10\%$。

例如：470μF $\pm10\%$/25V 指电容器的标称容量是 470 μF，允许误差是其标称容量的 $\pm10\%$，额定工作电压是 25V。

表 3-1　常用电介质的相对介电常数

介质名称	相对介电常数	介质名称	相对介电常数
石英	4.2	聚苯乙烯	2.2
空气	1	三氧化二铝	8.5
硬橡胶	3.5	玻璃	5 ~ 10
酒精	35	无线电瓷	6 ~ 6.5
纯水	80	超高频瓷	7 ~ 8.5
云母	7	五氧化二钽	11.6

第二节　电容器的三种连接

在实际电路应用中，为满足电容容量和耐压值，常常把几个电容器组合起来使用，而基

本的连接方式有串联和并联。

一、电容器的串联

把几个电容器的极板首尾相接，连成一个无分支的电路，这样的连接方式叫电容器的串联。如图3－3所示：

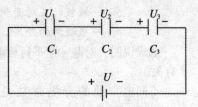

图3－3 电容器的串联

串联电容器有以下特点：

● 各个电容器所带的电量相等，即：

$$Q = Q_1 = Q_2 = Q_3 = \cdots = Q_n \tag{3-4}$$

● 各个电容器两端的电压之和等于电路的总电压，即：

$$U = U_1 + U_2 + U_3 + \cdots + U_n \tag{3-5}$$

● 串联电容器组的总电容量C的倒数等于各个电容器的电容倒数之和，即

$$\frac{1}{C} = \frac{1}{C_1} + \frac{1}{C_2} + \frac{1}{C_3} + \cdots + \frac{1}{C_n} \tag{3-6}$$

若电路中只有两个电容器，则：

$$\frac{1}{C} = \frac{1}{C_1} + \frac{1}{C_2}$$

$$C = \frac{C_1 C_2}{C_1 + C_2} \tag{3-7}$$

若有n个电容量为C_0的电容器串联，则总电容量为

$$C = \frac{C_0}{n}$$

因此，电容串联后，总电容小于任何一个分电容；任何一个分电容上的电压小于总电压。若只有两个电容，则每只电容器上分配的电压可用下面的公式来计算：

$$U_1 = \frac{C_2}{C_1 + C_2} U$$

$$U_2 = \frac{C_1}{C_1 + C_2} U \tag{3-8}$$

式中　U——总电压；
　　　U_1——C_1上分配的电压；
　　　U_2——C_2上分配的电压。

所以，当电容器上的额定电压小于总电压或所需要电容量较小时可选用电容串联的方法。

例3－1　在图3－3中，已知$C_1 = C_2 = C_3 = C_0 = 200\mu F$，它们的额定工作电压都是50V，电源电压$U = 120V$，求这组串联电容器的等效电容是多大？每只电容器两端的电压是多大？说明在此电压下工作是否安全。

解：

（1）当3个电容量为C_0的电容器串联时，由公式$C = \frac{C_0}{n}$得：

$C = \frac{200}{3} \approx 66.67\mu F$，因此，其等效电容是66.67μF。

（2）由于电容器串联时，各电容器上所带的电荷量相等，并等于等效电容器中所带的电

荷量,即:

$$Q = Q_1 = Q_2 = Q_3 = 66.67 \times 10^{-6} \text{F} \times 120 \text{V} \approx 8 \times 10^{-3} \text{C}$$

因此,每只电容器两端的电压是:

$$U_1 = U_2 = U_3 = \frac{Q}{C_0} = \frac{8 \times 10^{-3}}{200 \times 10^{-6}} = 40 \text{V}$$

(3)因为每只电容器的额定工作电压是 50V,而现在每只电容器的实际工作电压是 40V,小于它的额定工作电压,所以,此时电容器是安全的。

例 3 - 2 如图 3 - 4 所示,现有两只电容器,一只电容器的电容是 2 μF,额定工作电压是 160 V,另一只电容器的电容 10 μF,额定工作电压为 250 V,若将这两只电容器串联起来,接在 300 V 的直流电源上,问它们的总电容量是多少? 每只电容器上的电压是多少? 这样使用是否安全?

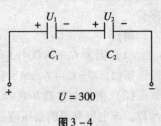

图 3 - 4

解:

(1)两只电容器串联后,由公式 $C = \dfrac{C_1 C_2}{C_1 + C_2}$ 得:

$$C = \frac{2 \times 10}{2 + 10} \mu \text{F} \approx 1.67 \mu \text{F}$$

因此,其等效电容是 $1.67 \mu \text{F}$。

(2) 各电容器的电荷量为 $Q = Q_1 = Q_2 = CU = 1.67 \times 10^{-6} \times 300 \approx 5 \times 10^{-4} \text{C}$

所以:

$$U_1 = \frac{Q_1}{C_1} = \frac{5 \times 10^{-4}}{2 \times 10^{-6}} = 250 \text{V}$$

$$U_2 = \frac{Q_2}{C} = \frac{5 \times 10^{-4}}{10 \times 10^{-6}} = 50 \text{V}$$

(3)由于电容器 C_1 的额定工作电压是 160V,小于计算电压,因此,它会被击穿,同样,C_1 被击穿后,C_2 也会被击穿,故这样使用不安全。

二、电容器的并联

把几个电容器的一个极板连在一起,另一个极板连在一起的连接方式叫做电容器的并联。如图 3 - 5 所示。并联电容器有以下特点:

●每个电容器的端电压都相等并等于电源电压。即

$$U = U_1 = U_2 = U_3 = \cdots = U_n \qquad (3 - 9)$$

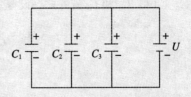

图 3 - 5 电容器的并联

●并联电容器组的总电量等于各个电容器的电量之和。即

$$Q = Q_1 + Q_2 + Q_3 + \cdots + Q_n \qquad (3 - 10)$$

●并联电容器组的等效电容等于各个电容器的电容之和。即

$$C = C_1 + C_2 + C_3 + \cdots + C_n \qquad (3 - 11)$$

若只有两个电容并联,则总电容

$$C = C_1 + C_2$$

若有 n 个电容量为 C_0 的电容并联,则总电容:

$$C = nC_0$$

因此,电容并联后,总电容大于任何一个分电容,而总电压和每一个分电容的电压相同。所以,此种接法用于增大电容值。需要注意的是:电源电压不应大于耐压值最小的电容所对应的电压。

例3-3 已知电容器 $C_1 = 0.004\ \mu F$,耐压值为120 V,电容器 $C_2 = 6\ 000\ pF$,耐压值为200V,现将它们并联使用,试求:(1)它们的等效电容;(2)它们的耐压值;(3)若将它们接入电压为100V的电路中,每个电容器所带的电量和并联电容器的总电量各是多少?

解:

(1)因为 $C_1 = 0.004\mu F = 4 \times 10^{-9}F$,$C_2 = 6000pF = 6 \times 10^{-9}F$,

所以,$C = C_1 + C_2 = 4 \times 10^{-9} + 6 \times 10^{-9} = 0.01\mu F$

(2)由于电容器并联时,端电压相等,应取耐压值小的作为并联电容器组的耐压值,所以,该电容器组的耐压值是120V。

(3)因为并联电容器中,各个电容器的端电压都相等,则由 $Q = CU$ 得:

$Q_1 = C_1 U_1 = 4 \times 10^{-9} \times 100 = 4 \times 10^{-7}C$

$Q_2 = C_1 U_2 = 6 \times 10^{-9} \times 100 = 6 \times 10^{-7}C$

$Q = Q_1 + Q_2 = 4 \times 10^{-7} + 6 \times 10^{-7} = 10^{-6}C$

注意:在计算过程中要换算成统一单位。

三、电容的混联

三个或三个以上的电容器进行连接时,既有串联又有并联的连接方式,叫做电容器的混联。如图3-6所示为电容器的混联,分析方法如下。

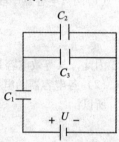

图3-6　电容器的混联

例3-4 如图3-6所示,$C_1 = 120\mu F$,$C_2 = 40\mu F$,$C_3 = 80\mu F$,电容器 C_1、C_2 的耐压值为50V,电容器 C_3 的耐压值为60V,试计算总等效电容及最大安全工作电压。

解:

(1)C_2 和 C_3 先并联,设等效电容为 C',再与 C_1 串联,所以等效电容为:

$$C = \frac{C_1 C'}{C_1 + C'} = \frac{C_1(C_2 + C_3)}{C_1 + C_2 + C_3}$$
$$= \frac{120(40 + 80)}{120 + 40 + 80}$$
$$= 60\mu F$$

(2)由于 C_2 和 C_3 并联后可看作一个电容器,其等效电容为:

$$C' = C_2 + C_3 = 120\mu F$$

工作电压取耐压值小的 C_2 的值50V,由于 C' 与 C_1 的电容量都是120μF,由此,总电压应为 C_1 和电容器 C_2 的耐压之和,故该混联电路所承受的最大安全工作电压为:

$$U_1 + U_2 = 50 + 50 = 100V$$

第三节　电容器的充电和放电功能

电容器在电路中应用十分广泛，其最根本的原因是电容器具有充电和放电的功能，并且能起到隔直流通交流的作用。

一、电容器的充电

如图 3-7 所示的电路中，C 是一个电容量很大但还未充电的电容器，当开关与触点 1 接通时，电源开始向电容器充电，具体情况如下：开关向触点 1 闭合后，灯泡开始发光，并且其亮度是逐渐变暗，为什么呢？原来，电源经电流表 A_1、灯泡 EL 开始给电容 C 充电，经过一段时间后，电容器 C 上的电量逐渐增多，使得电容器 C 上的电压 u_C 逐渐增大，这样灯泡

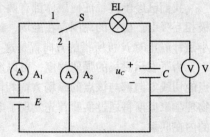

图 3-7　电容器的充放电

EL 两端的电压逐渐减小，通过灯泡的电流逐渐变小，电流表 A_1 的读数也就变小，而与电容器并联的电压表 V 的读数却不断增大。直到灯泡熄灭，电流表 A_1 的读数为零，电容器 C 上的电压 u_C 等于电源电压 E 时，这就完成了电容器的充电过程。

二、电容器的放电

在上个电路中，当电容器的充电过程结束，开关与触点 2 接通后，会出现如下现象。灯泡 EL 由亮逐渐变暗，同时从与电容器并联的电压表 V 上也可以看到，读数逐渐减小，表明电容器上的电压逐渐减小。经过一段时间后，灯泡熄灭，电压表的读数为 0，与灯泡串联的电流表 A_2 的读数也是 0，此时电容器的放电过程结束。

在电容器放电过程中，虽然没有电源，但是由于电容器两极板间有一定的电压使回路中有电流产生。最初这个电压等于电源电动势，因此，电流较大，随着电容器极板上正负电荷的不断中和，两极板间的电压越来越小，电流也就越来越小。当电容器上的正负电荷完全中和后，两极板间就不存在电压，这时，电路中的电流是 0，放电过程结束。

综上所述，电容器有以下特点：

（1）电容器是一种储存电荷的工具　电容器不论是并联还是串联，都具备储存电荷的能力，由 $Q = CU$ 知，当电容器的电容量一定时，存储电荷与电压成正比，随着电荷的增多，电容器所储存的能量也就越多。经理论推导和实验证明电容器存储能量与电容端电压的关系式是

$$W_C = \frac{1}{2}CU^2 = \frac{1}{2}QU \tag{3-12}$$

式中　W_C——电容器所储存的能量，单位是焦耳（J）；

$\quad\quad C$——电容器的电容值，单位是法拉（F）；

$\quad\quad U$——电容器两端的电压，单位是伏特（V）；

$\quad\quad Q$——电容器所带的电量，单位是库仑（C）。

上式说明，电容器中储存的电场能量与电容器的电容量、电容器两端电压的平方成正比。

（2）电容器具有"隔直流，通交流"的特性。

第四节 磁场及其基本物理量

一、磁场

我们已经学过，任何磁体都有两个磁极：N极和S极，并且同名磁极相互排斥，异名磁极相互吸引。磁铁的周围存在磁场，磁场的方向可以用小磁针来判断：在磁场中的任一点，小磁针静止时N极所指的方向就是这一点的磁场方向。

为了表示磁场的强弱程度，可以用一系列假想的曲线即磁力线来表示。磁力线上的每一点的切线方向都与该点的磁场方向相同。然而磁铁并不是磁场的唯一来源。1820年，丹麦物理学家奥斯特通过实验首先发现了电流周围也存在磁场，这一发现揭示了电与磁之间密切的内在联系。

二、电流的磁场

在导线上通一电流时，就会在导线周围产生磁场。这一现象可用实验来证明，如图3-8。在导线的下方放置一个小磁针，通上电流后，会发现小磁针发生偏转，电流切断后，小磁针又恢复原位；当电流方向发生改变时，小磁针偏转的方向也会改变。可见，磁针摆动的方向与电流方向有关，即磁场的方向与电流方向有关。具体的判别方法用安培定则。根据导线形状的不同，安培定则也稍有不同，具体内容如下。

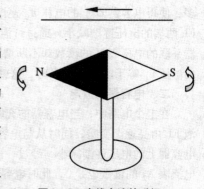

图3-8 直线电流的磁场

直线电流产生的磁场：其磁力线是一系列以导线上各点为圆心的同心圆。这些同心圆都在与导线垂直的平面上。安培定则内容如下：用右手握住导线，让伸直的大拇指所指的方向与电流方向相同，则弯曲四指的方向就是磁力线的环绕方向。

环形电流产生的磁场：其磁力线是一系列围绕环形导线的闭合曲线。安培定则的内容如下：让右手弯曲的四指与环形电流的方向一致，则伸直的大拇指所指的方向就是环形电流中心轴线的磁力线方向。

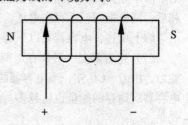

图3-9 通电螺线管的磁场

螺线管线圈产生的磁场如图3-9所示。电流方向与磁力线方向同样可以用安培定则判定：用右手握住螺线管，让弯曲的四指所指方向与电流的方向一致，则大拇指所指的方向就是通电螺线管的N极。此时的通电螺线管相当于一个条形磁铁。

注意：不同形状导线产生的磁场方向虽然不同，但方法都用安培定则来判定，在实际应用中，要注意判别。

三、磁场的基本物理量

1. 磁感应强度

用来表示磁场强弱的物理量称为磁感应强度，用字母B表示。在国际单位制中，磁感应强度的单位是特斯拉（T），简称特。

　　磁感应强度是个矢量，不仅有大小，而且有方向。某点磁感应强度的方向与该点磁场的方向一致。若在磁场某个区域中，磁感应强度的大小方向都相同，我们把这样的区域称为均匀磁场。

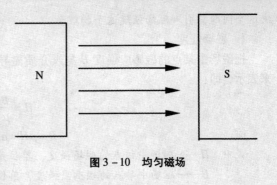

图 3 - 10　均匀磁场

　　用磁力线描述时，就是一系列距离相等且平行的直线。如图 3 - 10 所示。当无法在平面内表示 B 的方向时，如向里或向外，可用下面的符号来表示。"×"表示垂直于纸面向里，"·"表示垂直于纸面向外。

2. 磁通

　　磁通量简称磁通，用字母 Φ 表示。磁通量是用来描述穿过某一个给定面积的磁场强弱的物理量。设在均匀磁场中，有一个与磁场方向垂直的平面，磁场的磁感应强度为 B，平面的面积为 S，则 B 与 S 的乘积叫做穿过这个面积的磁通量。即：

$$\Phi = B S \tag{3-13}$$

式中　Φ——磁通，单位是韦伯，简称韦（Wb）；

　　　　B——磁感应强度，单位是特（T）；

　　　　S——平面的面积，单位是平方米（m^2）。

由上式可知，

$$1Wb = 1T \cdot m^2$$

同理可得，$B = \dfrac{\Phi}{S}$，所以磁感应强度又可以用 Wb/m^2 作单位。

3. 磁导率

　　磁场中各点磁感应强度的大小不仅与电流的大小和导体的形状有关，而且与磁场内媒介质的导磁性能有关。这一点可以用实验来证明。

　　当我们先用一个插有铁芯的通电线圈去吸引铁钉，再用一个插有铜心的通电线圈去吸引铁钉时，会发现两种情况下吸引力的大小不同，前者比后者大得多。这就表明不同的媒介质对磁场的影响是不同的。

　　磁导率就是一个用来描述媒介质导磁性能的物理量。不同的媒介质的磁导率不同。磁导率用符号 μ 来表示。单位是亨［利］/米（H/m）。真空中的磁导率 μ_0 是一个常数：

$$\mu_0 = 4\pi \times 10^{-7} \ H/m$$

　　由于真空中的磁导率是一个常数，所以，将其他媒介质的磁导率与它对比是很方便的。任一媒介质的磁导率与真空中的磁导率之比叫做相对磁导率，用 μ_r 表示，即：

$$\mu_r = \frac{\mu}{\mu_0} \tag{3-14}$$

　　相对磁导率是没有单位的，根据各种物质导磁性能的不同，可把物质分为三种类型：

● 反磁性物质：$\mu_r < 1$，如石墨、铜、银等；

● 顺磁性物质：$\mu_r > 1$，如空气、铝等；

● 铁磁性物质：μ_r 远大于 1，如铁、镍等。铁磁性物质被广泛应用于电工电子技术和计算机技术等方面。但是，由于铁磁物质的不是一个常数，在计算过程中显得比较复杂，为解决这个问题，引入磁场强度这个物理量。

4．磁场强度

把磁场中某点的磁感应强度 B 与媒介质磁导率 μ 的比值，叫做该点的磁场强度，用 H 来表示，即：

$$H = \frac{B}{\mu} \tag{3-15}$$

或 $$B = \mu H = \mu_0 \mu_r H$$

式中　H——磁场中该点的磁场强度，单位是安培/米（A/m）；

B——磁场中某点的磁感应强度，单位是特（T）；

μ——磁场中介质的磁导率，单位是亨/米（H/m）。

磁场强度也是一个矢量，在均匀的介质中，它的方向和磁感应强度的方向一致。

第五节　磁场对载流导体的作用

一、磁场对载流导体的作用

先看一个实验，电路图如图 3-11 所示，在均匀磁场中间放置一根直导体，并使导体垂直于磁力线。当导体未通电流时，它不会运动。如果接通电源，使导体中产生电流方向如图 3-11 所示，导体立即会运动。改变导体中电流的方向或调换磁极极性，会发现导体运动方向与前次相反。这个现象说明导体受到了外力，我们把载流导体在磁场中所受的作用力称为电磁力，用 F 表示。实验还证明，电磁力的大小与导体中电流大小成正比，与导体在磁场中的有效长度及磁场的磁感应强度成正比，还与导体与磁感应强度的夹角有关系。即：

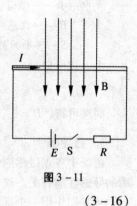

图 3-11

$$F = BIl\sin\alpha \tag{3-16}$$

式中　B——均匀磁场的磁感应强度，单位是特（T）；

I——导体中的电流强度，单位是安培（A）；

l——导体在磁场中的有效长度，单位是米（m）；

F——导体受到的电磁力，单位是牛顿（N）；

α——导体与磁力线的夹角。

当导体与磁感应强度的方向垂直时，所受到的电磁力最大；与磁感应强度平行时，导体不受力。

导体运动的方向与电流及磁场的方向有关，判断直导体所受电磁力的方向可用左手定则。内容如下：将左手伸平，拇指与四指垂直并处于一个平面上，让磁力线垂直穿过手心，四指指向电流方向，则拇指所指方向就是导体的受力方向。

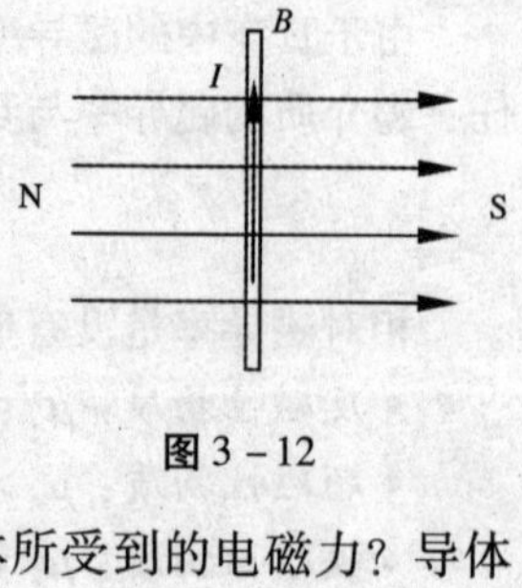

图 3-12

例 3-5　如图 3-12 所示，在均匀的磁场中放置一根长 $l = 0.8\text{m}$，$I = 12\text{A}$ 的载流直导体，磁场的磁感应强度 $B = 0.5\text{T}$，求导体所受到的电磁力？导体所受到的电磁力的方向如何？

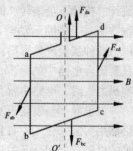

解：

导体中电流方向与磁场方向垂直，利用公式 $F = BIl\sin\alpha$ 得：

$$F = 0.5 \times 12 \times 0.8 = 4.8\text{N}$$

由左手定则判断电磁力的方向是垂直于纸面向里。

二、磁场对通电矩形线圈的作用

学习磁场对通电矩形线圈的作用很有意义，因为常用的直流电压表、直流电流表、万用表等磁电式仪表以及直流电动机都是应用这一原理制成的。

图 3 - 13　磁场对通电矩形线圈的作用

将一矩形线圈 abcd 放在均匀磁场中，如图 3 - 13 所示，线圈的顶边 ad 和底边 bc 所受的磁场力 F_{ad}、F_{bc} 大小相等，方向相反，在一条直线上，彼此平衡；而作用在线圈两个侧边 ab 和 cd 上的磁场力 F_{ab}、F_{cd} 虽然大小相等，方向相反，但不在一条直线上，产生了力矩，称为电磁转矩。这个转矩使线圈绕 OO' 转动，转动过程中，随着线圈平面与磁力线之间夹角的改变，力臂在改变，磁转矩也在改变。

当线圈平面与磁力线平行时，力臂最大，线圈受电磁转矩最大；当线圈平面与磁力线垂直时，力臂为零，线圈受电磁转矩也为零。

经推导得电磁转矩的表达式为

$$M = NBIS\cos\alpha \tag{3 - 17}$$

式中　M——电磁转矩，单位是牛米（N·m）；

　　　B——均匀磁场的磁感应强度，单位是特（T）；

　　　I——线圈中的电流，单位是安（A）；

　　　S——线圈的面积，单位是平方米（m^2）；

　　　N——线圈的匝数；

　　　α——线圈平面与磁力线的夹角。

第六节　电磁感应和电磁感应定律

自从奥斯特发现电流的磁效应后，许多物理学家开始了寻找它的逆效应即把磁变成电的研究与探索。直到 1831 年，英国科学家法拉第发现了磁能生电的规律——电磁感应定律，使人们"磁生电"的梦想成真，对人类文明进步和科学发展做出了卓越的贡献。

一、电磁感应现象

先来看下面的实验，如图 3 - 14。

当导体向里或向外运动时，检流计指针就发生偏转；若导体不动，让磁场向里或向外运动，检流计指针也发生偏转，并且导体与磁场相对运动的方向不同时，指针偏转方向也不同。这说明电路中有电流，而且电流的方向与磁场的相对运动方向有关。但是，让导体沿磁场方向上下运动或导体不动，让磁场上下运动，则检流计的指针不动，这说明此时电路中没有电流。

同样，如果把条形磁铁插入一个螺线管中，我们也会发现与螺线管相连的检流计指针也会发生偏转，把磁铁从螺线管中拔出时，指针也要偏转，并且这两次指针偏转的方向也不一样。但是，若使磁铁和线圈以相同的速度运动时，检流计的指针不会偏转，即没有电流产生。这个实验中，磁铁相对于线圈运动时，线圈的导线切割磁力线。由以上两种实验现象可得：不论导体运动还是磁场运动，只要闭合电路中的一部分导体与磁场有相对运动而切割磁力线时，电路中就有电流产生。如图 3—15。

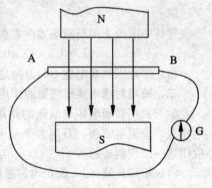

图 3—14 电磁感应现象一

如果导体与磁场不发生相对运动，会产生电流吗？仍然用实验来证明：在图 3—16 中，当闭合或断开开关的瞬间、当闭合开关后用变阻器改变线圈 A 中的电流使穿过 B 线圈的磁通量发生变化时，检流计指针就发生偏转说明电路中有了电流；当在线圈 A 中加入铁芯（闭合电键后 A 就成为电磁铁），并使它上下移动时，检流计的指针会发生偏转，说明电路中也有了电流。但是，若使电路中的电流不变，或者线圈 A 保持不动，则检流计的指针不会发生偏转，说明电路中没有电流。

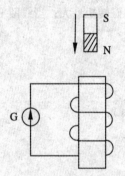

图 3—15 电磁感应现象二

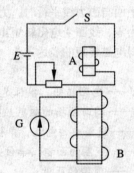

图 3—16 线圈磁通发生变化

综上所述，可得到磁场产生电流的条件是：闭合电路的一部分导体做切割磁力线运动，或穿过闭合电路的磁通量发生变化时，闭合电路中就有感应电流产生。这种利用磁场产生电流的现象叫做电磁感应现象，由电磁感应产生的电动势叫做感应电动势，产生的电流叫做感应电流。

二、电磁感应定律

电磁感应定律应用非常广泛，如发电机、互感器、及一些电工仪表都是根据电磁感应定律制成的。下面来研究导体和线圈产生感应电动势和感应电流的具体情况。

1．直导线切割磁力线时的感应电动势和感应电流

（1）方向判定（右手定则） 伸平右手，让大拇指和其余四指垂直，并与手掌在同一个平面内，让磁力线垂直穿过掌心，大拇指指向导线的运动方向，则四指所指的方向就是感应电动势或感应电流的方向。如图 3—17 所示。

（2）大小确定 经实验测定，磁场中导体产生的感应电动势 e 的大小与磁场中导体长度 l、磁感应强度 B、导体运动速度 v 以及运动方向与磁力线方向夹角的正弦 $\sin\alpha$ 成正比，即：

$$e = Blv\sin\alpha \qquad (3-18)$$

式中：e——导体中的感应电动势，单位是伏（V）；

　　B——均匀磁场的磁感应强度，单位是特（T）；

　　l——导体的长度，单位是米（m）；

　　v——导体切割磁力线的速度，单位是米/秒（m/s）；

　　α——导体运动方向与磁场方向之间的夹角，单位是度（°）。

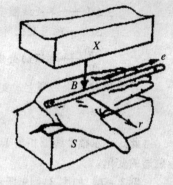

图 3-17　右手定则

当 $\alpha = 90°$ 时，即直导线垂直切割磁力线时，感应电动势最大，即

$$e = Blv$$

例 3-6　在图 3-18 中，设均匀磁场的磁感应强度为 0.1T，切割磁力线的导线长度为 40 ㎝，向右匀速运动的速度 v 为 5m/s，整个线框的电阻为 0.5Ω，求：（1）感应电动势的大小；（2）感应电流的方向和大小。

解：

（1）线圈中的感应电动势为 $e = Blv$

$$= 0.1 \times 0.4 \times 5$$
$$= 0.2V$$

利用右手定则判断感应电动势的方向为 a→b。

（2）线圈中的感应电流为：

$$I = \frac{e}{R} = \frac{0.2}{0.5} = 0.4A$$

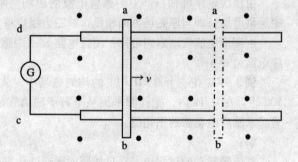

图 3-18　题 3-6 图

同样用右手定则判定感应电流的方向是沿 a→b→c→d 方向。

2.线圈中磁通量发生变化时的感应电动势和感应电流

（1）方向判定（楞次定律）当穿过线圈的磁通发生变化时，感应电流产生的磁通总是阻碍原磁通的变化。具体步骤如下：

● 明确原磁场的方向，确定穿过闭合电路的磁通量是增加还是减少。

● 根据楞次定律确定感应电流的磁场方向，若穿过闭合电路的磁通量增加，则感应电流的磁场方向与原磁场方向相反；若穿过闭合电路的磁通量减少，则感应电流的磁场方向与原磁场方向相同。

● 根据安培定则，由感应电流的磁场方向，确定感应电流的方向。

（2）大小确定　经实验测定，当磁铁插入或拔出线圈的速度越快时，检流计指针的偏转角度越大，反之越小。磁铁插入或拔出线圈的速度，正是反映了线圈的磁通变化的快慢，所以，线圈中感应电动势的大小与线圈中磁通的变化速度成正比，这个规律叫做法拉第电磁感应定律。用表达式表示为

$$e = -\frac{\Delta\Phi}{\Delta t} \qquad (3-19)$$

式中　e——在时间内感应电动势的平均值，单位是伏（V）；

$\Delta\Phi$——单匝线圈中磁通的变化量，单位是韦（Wb）；

Δt——磁通变化所需要的时间，单位是秒（s）；

$\dfrac{\Delta\Phi}{\Delta t}$——磁通的变化率，单位为韦/秒（Wb/s）。

若线圈有 N 匝，则上式变为

$$e = -N\frac{\Delta 9\Phi}{\Delta t} \tag{3-20}$$

此式表示整个线圈相当于 N 匝线圈串联组成。负号表示产生的感应电动势总是阻碍原磁通的变化。

例3-7　如图3-19所示，当闭合开关的瞬间，导线 cd 中有感应电流产生。试用楞次定律确定导线 cd 中感应电流的方向。

解：

开关 S 闭合前，穿过闭合电路 cdef 的磁通量为零。开关 S 闭合的瞬间，导线 ab 中电流 I 的方向是 a→b，由直线电流安培定则可判定，穿过闭合回路 cdef 的磁力线垂直纸面向外，磁通量增大。

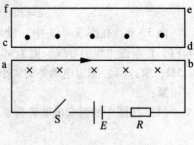

图3-19

由楞次定律可知：产生的感应电流的磁场应阻碍磁通量增加，即与原磁场方向相反，其磁力线应垂直纸面向里。

由环形电流安培定则可知：闭合电路 cdef 中感应电流为顺时针方向，即导线 cd 中的感应电流为 d→c。

例3-8　在一个 $B = 0.01\text{T}$ 的均匀磁场中，放一个面积为 0.001m^2 的线圈，其匝数为500匝，在 0.1s 内，把线圈平面从平行于磁力线的方向转过 90°，变成与磁力线的方向垂直。求感应电动势的平均值。

解：

在线圈转动的过程中，穿过线圈的磁通变化率是不均匀的，所以不同时刻，感应电动势的大小也不相同，可以根据穿过线圈的平均变化率来求得感应电动势的平均值。

在时间 0.01s 内，线圈转过 90°，使线圈的磁通量由零变成：

$$
\begin{aligned}
\Phi &= BS \\
&= 0.01 \times 0.001 \\
&= 1 \times 10^{-5}\text{Wb}
\end{aligned}
$$

在这段时间里，磁通的平均变化率为：

$$
\begin{aligned}
\frac{\Delta\Phi}{\Delta t} &= \frac{1 \times 10^{-5} - 0}{0.1} \\
&= 1 \times 10^{-4}\ \text{Wb/s}
\end{aligned}
$$

根据法拉第电磁感应定律，线圈的感应电动势的平均值为：

$$
\begin{aligned}
e &= -N\frac{\Delta\Phi}{\Delta t} \\
&= -500 \times 10^{-4} \\
&= -0.05\text{V}
\end{aligned}
$$

第七节 电感及其基本特性

一、电感器

电感器简称电感，也是电路的基本元件之一。用导线绕制而成的线圈就是一个电感器，用字母 L 表示。当电流流过电感时，就会产生磁场，磁场具有能量，因此，电感也是一种储能元件。电感的图形符号如图 3 – 20 （a）是有铁芯的电感，（b）是无铁芯的电感。

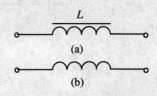

图 3 – 20　电感的图形符号

二、电感

当有电流通过一匝线圈时，就会在这一匝线圈中产生磁通，穿过的磁通量用 Φ 表示，若有 N 匝线圈时，在 N 匝线圈中具有的磁通量用磁链 Ψ_L 表示，即：

$$\Psi_L = N\Phi \tag{3 – 21}$$

磁链的单位也是韦伯。

为了表征线圈产生磁链的本领的大小，引入电感这个物理量，同样电感也用字母 L 表示。电感的数值越大，通过相同电流时，产生的磁链也越大。电感的单位是亨利，简称亨（H），比较小的单位还有毫亨（mH），微亨 μH。换算关系如下：

$$1H = 10^3 mH$$
$$1\ mH = 10^3 \mu H$$

电感 L 表明的是磁链与电流的关系，所以可用式

$$L = \frac{\Psi_L}{I} \tag{3 – 22}$$

或

$$\Psi_L = LI$$

来表示。

式中　L——线圈的电感量，单位为亨（H）；

　　　Ψ_L——线圈中的磁链，单位为韦伯（Wb）；

　　　I——流过线圈的电流，单位为安培（A）。

需要注意的是，L 虽然可通过上式表达，但其大小只与线圈本身有关，即只与线圈匝数、几何尺寸、有无铁芯有关，与线圈中有无电流及电流的大小无关。

实践证明：线圈截面积越大，长度越短，匝数越多，线圈的电感越大，有铁芯时的线圈比空心时的线圈电感要大得多。需要注意的是，电感器和电感量都简称电感，电感器表示一种器件，而电感量是表示电感器产生磁链本领大小的物理量。

三、自感现象

我们可用下面实验来了解电感的基本特性，电路图如 3 – 21 （a）所示。当开关 S 闭合的瞬间，会发现与电阻 R 串联的灯泡 H_1 立刻发光，而与电感 L 串联的灯泡 H_2 是逐渐亮起来，为什么呢？原来，在 S 闭合的瞬间，通过电感 L 与灯泡 H_2 支路的电流逐渐增大，使得穿过线圈的磁通量也增大。由楞次定律和法拉第电磁感应定律可知，在线圈中必会产生感应电动势来阻碍线圈中电流的增大，所以通过灯泡 H_2 的电流只能逐渐增大，灯 H_2 也就会逐

電工操作技能与训练

渐亮起来。

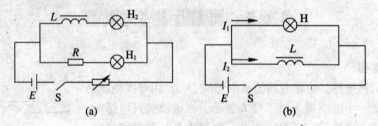

图 3-21　自感实验电路

如图 3-21（b）所示，当 S 断开后，灯 H 并不立刻熄灭，而是突然发出很强的亮光，然后才熄灭。这又是为什么呢？原来在 S 断开的瞬间，通过线圈电流已断开，使得穿过线圈的磁通量突然减少，由楞次定律和法拉第电磁感应定律知道，在线圈中必然会产生一个很大的感应电动势来阻碍线圈中电流的减小。这样由 L、H 就组成闭合回路。其中，产生电动势的线圈 L 相当于电源，产生很大的电流流过灯泡 H，所以灯不会立即熄灭。

综上所述，当线圈中电流发生变化时，线圈本身就会产生感应电动势，且这个电动势总是阻碍线圈中电流的变化，这种由于线圈本身的电流变化而引起的电磁感应现象叫做自感现象，简称自感。在自感现象中产生的电动势叫做自感电动势，用 e_L 表示，由此产生的电流叫做自感电流，用 i_L 表示。

四、自感电动势

可以用法拉第电磁感应定律推导它的表达式。即：

$$e_L = -L \frac{\Delta i}{\Delta t} \qquad\qquad 3-23$$

式中　e_L——线圈产生的自感电动势，单位为伏特（V）；

　　　L——线圈的电感量，单位为亨（H）；

　　　$\frac{\Delta i}{\Delta t}$——电流的变化率，单位为安/秒（A/s）。

负号表示自感电动势的方向总与电流变化趋势相反。

上式表明，当线圈的电感量一定时，线圈中电流变化得越快，自感电动势就越大；线圈中电流变化得越慢，自感电动势越小；线圈中的电流不变化，则就没有自感电动势。同样，在电流变化率一定的情况下，若线圈的电感量越大，自感电动势越大；电感量越小，自感电动势越小。所以电感量也反映了线圈产生自感电动势的能力。

自感电动势的方向仍可用楞次定律来判断，如图 3-22。自感电动势的方向总是和原电流变化的趋势相反。原电流的变化趋势是增大的，自感电动势产生的电流就要阻碍原电流的增大而与原电流的方向相反。若原电流的变化趋势是减小的，自感电动势产生的感应电流就要阻碍原电流的减小而与原电流的方向相同。判断出自感电流后，再由自感电流判断自感电动势的方向。

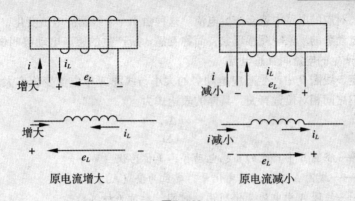

原电流增大　　　　　　　　　　原电流减小

图 3 - 22

例 3-9　某空心线圈通过 10A 的电流时，产生的自感磁链为 0.01Wb，试求：（1）该线圈的电感 L；（2）若线圈为 100 匝，通过的电流为 15A，则线圈的自感磁链和磁通量各是多少？

解：

（1）空心线圈的电感为

$$L = \frac{\Psi_L}{I} = \frac{0.01}{10} = 10^{-3}\mathrm{H} = 1\mathrm{mH}$$

（2）通过 15A 的电流时，线圈的自感磁链为

$$\Psi_L = LI = 10^{-3} \times 15 = 1.5 \times 10^{-2}\ \mathrm{Wb}$$

通过每匝线圈的磁通量为：

$$\Phi = \frac{\Psi}{L} = \frac{1.5 \times 10^{-2}}{100} = 1.5 \times 10^{-4}\ \mathrm{Wb}$$

第八节　互感现象

一、互感现象

互感现象也是电磁感应的一种形式。在图 3-23 中，线圈 A 和滑动变阻器 R_P、开关 S 串联起来以后接到电源上。线圈 B 的两端分别与检流计的接线柱相连接。由此种连接方式可知，A 中有磁通时也必然会在线圈 B 中产生一部分磁通，这一部分磁通就叫互感磁通。当开关 S 闭合或断开的瞬间，检流计的指针发生偏转，并且指针偏转的方向相反，这说明电流方向相反。当开关 S 闭合后，迅速改变滑动变阻器 R_P 的阻值，检流计的指针也会左右偏转，而且阻值变化的越快，检流计的指针偏转的角度越大。

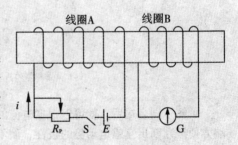

图 3-23　互感实验电路

实验现象表明，当线圈 A 中电流发生变化时，电流产生的磁场也会发生变化，通过线圈的磁通量随之变化，而线圈 B 中的互感磁通也会发生相应的变化，这样 B 线圈中就会产

生感应电动势，对应的电路中就会产生电流。这种由于一个线圈的电流变化，而在另一个线圈中产生感应电动势的现象叫互感现象，简称互感。所产生的感应电动势叫做互感电动势，用 e_M 表示，所产生的电流叫互感电流。

经实验测定，线圈 B 中产生感应电动势的大小与线圈 A 中电流变化率大小、与两个线圈的结构及它们之间相对位置有关。具体的表达式为

$$e_M = \frac{\Delta i_A}{\Delta t} \qquad\qquad (3-24)$$

式中　e_M——线圈 B 中产生的互感电动势，单位为伏（V）；

　　　Δi_A——线圈 A 中电流的变化量，单位为安（A）；

　　　Δt——线圈 A 中电流变化所用的时间，单位为秒（s）。

二、互感线圈的同名端

在某些电路中，对于两个或两个以上的有电磁耦合的线圈，常常需要知道互感电动势的极性。当然在电路图中，可以用楞次定律来判定感应电动势的方向，但是，在实际电路中，不可能把每个线圈的绕法和各线圈相对位置都一一表示出来，再判极性，因此常常在电路图中的互感线圈上标注互感电动势极性的标记，即同名端标记。

如图 3-24（a）所示，L_1、L_2 绕在同一个圆柱形磁棒上，L_1 通以电流 i，若 i 越来越大，则产生的磁通 Φ_1 也会越来越大，这样，L_1 要产生自感电动势 e_L，由楞次定律可知的 e_L 极性左正右负，与此同时，L_2 产生互感电动势 e_M，同样，由楞次定律知 e_M 的极性左正右负。当电流越来越小时，在 L_1 中也会产生自感电动势，极性是左负右正，而且 L_2 中产生的互感电动势极性也是左负右正。由此我们可以看到，无论电流 i 是增大还是减小，不论电流 i 从哪一端流入，1 与 3 的极性，2 与 4 的极性总相同。

把这种在同一变化磁通的作用下，感应电动势极性相同的端点叫同名端，一般用符号"·"表示，如图 3-24（b），而极性总相反的端点叫异名端。

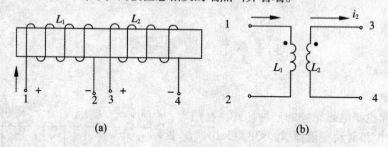

图 3-24

（a）互感线圈的同名端；（b）互感线圈同名端的表示

了解了同名端后，就可以根据电流的变化趋势，先判断出自感电动势的极性，再由同名端方便地判断出互感电动势的极性，而不用再根据楞次定律一一判别。

每章一练

1. 什么叫电容器？什么叫电容？

2. 有人说，"电容器带电多电容就大，带电少电容就小，不带电电容就是0"，这种说法正确吗？为什么？

3. 什么是电容器的串联？在什么情况下需要把电容器串联起来？试比较电容器串联与电阻串联特性的异同。

4. 什么是电容器的并联？在什么情况下需要把电容器并联起来？试比较电容器并联与电阻并联特性的异同。

5. 什么是磁场？它具有什么性质？磁场中任一点的磁场方向是如何规定的？

6. 怎样用安培定则来判断载流直线导体、环形导体和线圈的磁场方向？

7. 什么叫磁感应强度？它的大小和方向是如何规定的？

8. 什么叫磁通，它和磁感应强度、磁力线之间有什么联系？

9. 某人站在一根南北方向的电线下方，发现磁针北极向东偏转，问电线中电流是什么方向？为什么？

10. 通电直导体在磁场中受力的大小如何计算？方向如何判断？通电线圈在磁场中所受转矩如何计算？

11. 什么是电磁感应现象？产生感应电动势和感应电流的条件是什么？

12. 怎样用楞次定律或右手定则来判定感应电动势和感应电流的方向？什么情况下用右手定则，什么情况下用楞次定律来判定感应电流的方向比较方便？

13. 法拉第电磁感应定律的内容是什么？写出有匝线圈的感应电动势的计算公式，写出导线切割磁力线运动时计算感应电动势的公式。

14. 什么是自感现象？写出自感电动势的计算公式。

正弦交流电

第
四
章

本章主要介绍正弦交流电的基本知识，其主要内容有正弦交流电的表示方法，四种简单的单相交流电路，三相交流电路，涡流与集肤效应以及日常照明电路等。

1. 理解交流电基本物理量的概念；
2. 掌握用旋转矢量表示正弦交流电的方法以及平行四边形法则；
3. 掌握四种简单的单相交流电路特点，以及功率因数的意义；
4. 掌握三相电动势产生原理，掌握三相负载的两种连接方法及其应用；
5. 了解涡流和集肤效应的原理和应用；
6. 理解两种日常照明电路的构成和应用。

* * * * * * * * * * *

第一节 交流电基础知识

一、交流电概述

前面所论述的都是直流电。直流电的大小和方向均不随时间而改变，如图 4-1（a）所示。而在生产和生活中，使用最多的是交流电。大小和方向随时间周期性变化的电动势、电压和电流称为交流电动势、交流电压和交流电流，统称为交流电。如图 4-1（b）、（c）所示为几种交流电随时间变化的图形。

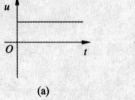

(a)

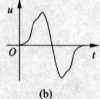

(b)

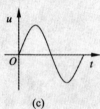

(c)

图 4-1 直流电和交流电波形图

交流电应用广泛，这是因为交流电可通过变压器很容易地改变电压值，这样便于远距离高压送电，从而降低送电成本。另外，交流电动机比直流电动机结构简单、成本低、工作可靠。在需要使用直流电的场合，也可以通过整流装置把交流电变为直流电。

二、正弦交流电的基本物理量

交流电源作用下的电路称为交流电路。凡是随时间按正弦规律变化的交流电称为正弦交流电，波形如图4-1（c）所示。不按正弦规律变化的交流电，称为非正弦交流电，如图4-1（b）所示。平时所用的交流电几乎都是正弦交流电，没有特别说明，本书中交流电一般都是指正弦交流电。

1. 瞬时值

交流电在某一时刻的值称为该时刻的瞬时值，用小写字母表示，如 u、e、i。下面我们以正弦交流电压为例，来说明正弦交流电的基本物理量。如果以横坐标表示时间，纵坐标表示电压，则交流电压瞬时值随时间变化的规律可用正弦曲线来表示，如图4-2所示。这种表示方法叫波形图表示法。图中在 t_1 时刻的瞬时值为 U_m，t_2 时刻的瞬时值为零。正弦交流电的瞬时值也可用正弦函数来表示，这叫解析式表示法。它是表示正弦交流电最基本的方法，如 $u = 311\sin(\omega t + 30°)$。

如图4-3所示为一正弦交流电路。其变化规律是这样的：在某个时间，a端电位高于b端电位，这时电流从a端流入电阻，从b端流出（电流方向如图4-3中实线箭头所示）；经过一段时间，b端电位高于a端电位，这时电流从b端流入电阻，从a端流出（电流方向如图4-3中虚线箭头所示）。再过一段时间，a端电位又高于b端电位，重复上述过程。因此在交流电路中电压、电流都是交变的，有两个作用方向。通常在分析电路时把其中一个方向规定为正方向（也叫参考方向），同一电路中电压与电流的正方向应规定得一致。如果交流电在某一时刻的实际方向与其规定的正方向相同，则该时刻的瞬时值为正，否则为负。在图4-3中，设参考方向为a指向b，那么该电阻两端电压的瞬时值解析式可写为

$$u = U_m\sin(\omega t + \varphi)$$

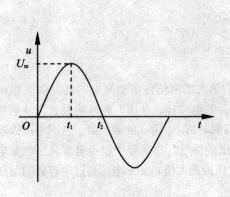

图4-2 交流电的瞬时值

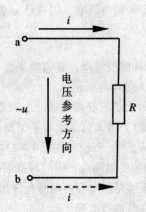

图4-3 交流电路中电压和电流的方向

2. 周期和频率

（1）周期　交流电重复变化一周所需的时间称为周期，用字母 T 来表示。如图4-4所示，从 a 到 d 或从 b 到 e 或从 O 到 c 的时间就是一个周期。周期的单位是秒（s），常用的单位还有毫秒（ms）、微秒（μs）等，其换算关系如下：

$$1\ \text{s} = 10^3\ \text{ms}$$
$$1\ \text{ms} = 10^3\ \mu\text{s}$$
$$1\ \text{s} = 10^6\ \mu\text{s}$$

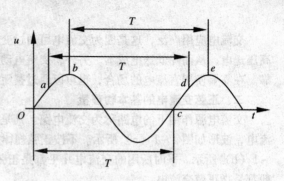

图4-4　交流电的周期

（2）频率　交流电在1s内重复变化的次数叫做频率。也就是1s内所包含的周期数。频率用 f 来表示，其单位是赫兹（Hz），简称赫（即周/秒）。常用的单位还有千赫（kHz）和兆赫（MHz），其换算关系如下：

$$1\ \text{kHz} = 10^3\ \text{Hz}$$
$$1\ \text{MHz} = 10^6\ \text{Hz}$$
$$1\ \text{MHz} = 10^3\ \text{kHz}$$

根据定义可知周期和频率互为倒数，即：

$$f = \frac{1}{T} \quad 或 \quad T = \frac{1}{f} \tag{4-1}$$

我国规定，电力系统中动力和照明用电的频率为50Hz，习惯上叫做工频，其周期为0.02s。而美国、日本等国家采用60Hz的频率。在某些设备中，可能需要较高频率的交流电，例如无线电工程上使用的频率为 $3 \times 10^5 \sim 3 \times 10^{10}$ Hz。

周期和频率都是反映交流电变化快慢的物理量，周期越短（即频率越高），交流电变化越快。

（3）角频率　交流电变化快慢还可以用角频率来表示。交流电变化的角度叫做电角度。由数学知识可知，正弦交流电变化一周（360°）可用 2π 弧度来计量。正弦交流电每秒钟变化的电角度叫做角频率，用符号 ω 表示，单位是弧度/秒（rad/s）。根据定义有：

$$\omega = \frac{2\pi}{T} = 2\pi f \tag{4-2}$$

对50Hz的交流电，其角频率为 $2\pi \times 50 = 100\pi \approx 314\text{rad/s}$。

3. 最大值与有效值

（1）最大值　交流电在一个周期内所能达到的最大瞬时值称为交流电的最大值（也叫峰值或振幅）。最大值用大写字母加下标 m 来表示，如电动势、电压、电流的最大值分别用符号 E_m、U_m、I_m 表示。在图4-2中，在 t_1 时刻的瞬时值 U_m 为 u 的最大值。从图中可以看出 U_m 是曲线的最高点，因此可以用来表示交流电压的高低。在实际中也很有意义，例如电容器的耐压值是指电容两端所允许加的正弦交流电压的最大值。如果电压超过电容器的耐压值，它就有可能被击穿。

（2）有效值　交流电的瞬时值是随时间改变的，不便用它来表示交流电的大小，而采用最大值表示也不准确，通常用"有效值"来表示。交流电的有效值根据电流的热效应来确定。规定：把一个交流电和一个直流电分别通过两个阻值相同的电阻，如果在一个周期内产生的热量相等，就把该直流电的数值叫做这个交流电的有效值。因此交流电的有效值就是指在热效应方面同它相当的直流值。有效值用大写字母表示，电动势、电压、电流的有效值分别用 E、U、I 表示。

数学证明，正弦交流电的有效值等于最大值的 $1/\sqrt{2}$ 倍或 0.707 倍。正弦交流电电动势、电压和电流的有效值与最大值之间的关系如下：

$$\left. \begin{aligned} E &= \frac{E_m}{\sqrt{2}} \approx 0.707 E_m \\ U &= \frac{U_m}{\sqrt{2}} \approx 0.707 U_m \\ I &= \frac{I_m}{\sqrt{2}} \approx 0.707 I_m \end{aligned} \right\} \tag{4-3}$$

正弦交流电的瞬时值可以写成：

$$\left. \begin{aligned} e &= \sqrt{2}E\sin\ (\omega t + \varphi_e) \\ u &= \sqrt{2}U\sin\ (\omega t + \varphi_u) \\ i &= \sqrt{2}I\sin\ (\omega t + \varphi_i) \end{aligned} \right\} \tag{4-4}$$

平时所提到的交流电的电动势、电压、电流值一般都是指有效值。如照明电路的电压是 220V，就是指交流电压的有效值是 220V。电气设备铭牌上所标的额定电压、额定电流和电工交流仪表上所读的电压、电流值一般都是指有效值。

4. 相位、初相与相位差

（1）相位与初相 假如两个同频率正弦交流电压的瞬时值为：

$$u_1 = U_{1m}\sin\ (\omega t + \varphi_1)\ \text{V}$$
$$u_2 = U_{2m}\sin\ (\omega t + \varphi_2)\ \text{V}$$

由数学知识可知，电压的瞬时值是由最大值 U_m 和正弦函数 $\sin\ (\omega t + \varphi_u)$ 共同决定的。正弦量随时间变化的核心部分是 $(\omega t + \varphi_u)$，它反映了正弦量的变化进程，称为该正弦量的相位或相角。u_1 的相位是 $(\omega t + \varphi_1)$，u_2 的相位是 $(\omega t + \varphi_2)$。$t = 0$ 时的相位叫做初相位或初相。u_1 的初相为 φ_1，u_2 的初相为 φ_2。一个正弦量的最大值确定后，其初始值由初相决定。u_1 的初始值为 $U_{1m}\sin\varphi_1$，u_2 的初始值为 $U_{2m}\sin\varphi_2$。初相可以为正，也可为负，一般用弧度表示，也可用角度表示。用角度表示时通常用不大于 $180°$ 的角来表示。u_1 与 u_2 的波形如图 4-5 所示。

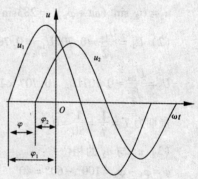

图 4-5 交流电的相位与相位差

（2）相位差 两个同频率交流电的相位之差叫做相位差，用 φ 表示。电压 u_1 与 u_2 的相位差为 $\varphi = (\omega t + \varphi_1) - (\omega t + \varphi_2) = \varphi_1 - \varphi_2$。可见相同频率交流电的相位差等于它们的初相之差，而与时间无关。

需要注意的是：时间起点改变时，初相也跟着改变，而相位差不变，即相位差与时间起点的选择无关。另外只有同频率的正弦量才能比较相位。

根据两个同频率正弦量的相位差，可确定两个正弦量之间的相位关系：

当 $\varphi = \varphi_1 - \varphi_2 > 0$ 时，称 u_1 的相位超前 u_2 的相位 φ 角或者说 u_2 的相位滞后 u_1 的相位 φ 角，如图 4 - 5 所示。超前的意思是说 u_1 比 u_2 先到达正的最大值。

当 $\varphi = \varphi_1 - \varphi_2 < 0$ 时，称 u_1 滞后 u_2 φ 角。

当 $\varphi = \varphi_1 - \varphi_2 = 0$ 时，称 u_1 与 u_2 同相。这时 u_1 与 u_2 同时达到正的最大值，如图 4 - 6（a）所示。

当 $\varphi = \varphi_1 - \varphi_2 = \pm 180°$ 时，称 u_1 与 u_2 反相。反相的意思是说 u_1 与 u_2 的步调正好相反，当 u_1 达到正的最大值时，u_2 为负的最大值；当 u_1 达到负的最大值时，u_2 为正的最大值，如图 4 - 6（b）所示。

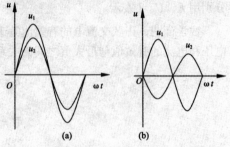

图 4 - 6　交流电的同相、反相

综上所述，最大值（或有效值）、角频率和初相是确定正弦交流电变化情况的三个重要数值，叫做正弦交流电的三要素。知道三要素后，正弦交流电的变化情况就完全确定下来了。

例 4 - 1　在图 4 - 5 中，已知 u_1 与 u_2 的频率为 50Hz，u_1 的最大值为 311V，u_2 的最大值为 283V，$\varphi_1 = 100°$，$\varphi_2 = 60°$。求：（1）写出 u_1 与 u_2 的瞬时值表达式；（2）u_1 与 u_2 的有效值与周期；（3）u_1 与 u_2 的相位差。

解：

已知 $f = 50\text{Hz}$，$U_{1m} = 311\text{V}$，$U_{2m} = 283\text{V}$

所以 $\omega = 2\pi f = 314\text{rad/s}$

（1）u_1 与 u_2 的瞬时值表达式为：

$u_1 = U_{1m}\sin(\omega t + \varphi_1) = 311\sin(314t + 100°)$ V

$u_2 = U_{2m}\sin(\omega t + \varphi_2) = 283\sin(314t + 60°)$ V

（2）$U_1 = \dfrac{U_{1m}}{\sqrt{2}} \approx 0.707 U_{1m} = 0.707 \times 311 \approx 220$ V

$U_2 = \dfrac{U_{2m}}{\sqrt{2}} \approx 0.707 U_{2m} = 0.707 \times 283 \approx 200$ V

周期为 $T = \dfrac{1}{f} = \dfrac{1}{50} = 0.02$ s

（3）u_1 与 u_2 的相位差：

$\varphi = \varphi_1 - \varphi_2 = 100° - 60° = 40°$

第二节　正弦交流电的表示方法

一、正弦交流电的表示方法

人们为了便于研究交流电，采用数学方法来表示交流电，常用的方法有三种。

第一种方法就是用三角函数式来表示正弦交流电的解析式表示法，即写出正弦交流电的瞬时值函数表达式。在解析式中包含了正弦函数的三要素，根据解析式可以计算出交流电任意时刻的数值。

第二种方法就是波形图表示法，即在平面直角坐标系中，以 x 轴表示时间 t 或 ωt（电角度），y 轴表示正弦量的瞬时值，画出正弦量的图像，也就是与正弦量解析式相对应的曲线。从图中可以看出交流电的最大值、周期和初相。

有时要对同频率的正弦量进行加减运算，这时采用前两种方法就显得很繁琐，而采用旋转矢量法表示正弦量进行计算会很方便。本节将重点讲解旋转矢量法。

二、旋转矢量表示法

矢量也叫向量，在物理学中指既有大小又有方向的物理量，例如力、速度等。这些物理量在描述时只说大小表达不完整，必须同时说明方向。在画矢量图时，用带箭头的线段来表示，箭头的方向就是矢量的方向；线段的长度表示矢量的大小，即线段的长度与矢量的大小成正比。

用旋转矢量表示正弦量的方法是：在直角坐标系中画一矢量，使其长度代表正弦量的最大值；与 x 轴正向的夹角（该矢量的初始位置）等于正弦量的初相；该矢量按逆时针方向绕原点 O 旋转，旋转的角速度等于正弦量的角频率。这种不断旋转的矢量叫做旋转矢量。由数学知识可知，旋转矢量任一时刻与 x 轴的夹角为该时刻所表示正弦量的相位；任一时刻在 y 轴上的投影为该时刻正弦量的瞬时值。

如图 4-7 所示为正弦交流电压 $u = U_m \sin(\omega t + \varphi)$ 的旋转矢量。图中该旋转矢量的长度表示 U_m；在 $t = 0$ 时，该旋转矢量位于图中 OA 所示位置，与 x 轴的夹角为 φ；且以角速度 ω 在绕原点逆时针旋转。该旋转矢量在任一时刻（如图中 t_1、t_2），在 y 轴上的投影为正弦量的瞬时值 $y = u = U_m \sin(\omega t + \varphi)$。

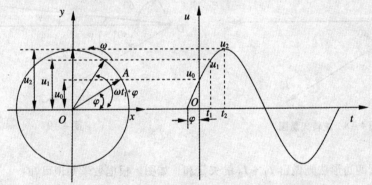

图 4-7　旋转矢量原理

表示交流电的旋转矢量与物理学中的矢量不是一个概念。它只是用来表示一个随时间按正弦规律变化的电学量。由于其合成与分解（经数学证明）与物理学中的矢量运算方法相同，为了叙述方便才称其为矢量。它是表示和计算交流电的一种方法。

把两个同频率交流电的旋转矢量画在一个坐标系中时，由于它们旋转的角速度相同，所以不管什么时刻，两个旋转矢量的相位关系（相位差）保持不变。在这种情况下，为简化运算，通常画同频率交流电的旋转矢量时，只按初相的位置画出，而不标出角频率，这样画出的图称为旋转矢量图（或相量图）。旋转矢量图在不引起混淆的情况下，可简称为矢量图。旋转矢量常用最大值符号上加"·"表示，如 $\dot{E}_m$、$\dot{U}_m$、$\dot{I}_m$。如图 4-8 所示为正弦量 u

$= U_m \sin(\omega t + 60°)$ 和 $i = I_m \sin(\omega t - 30°)$ 的旋转矢量图。

上面是采用最大值做出的旋转矢量图，而通常使用更多的是有效值旋转矢量图，即旋转矢量的长度表示正弦量的有效值。这时旋转矢量采用有效值符号上加“·”表示，如 $\dot{E}$、$\dot{U}$、$\dot{I}$。

数学证明，两个同频率交流电相加或相减后，仍为同频率交流电。同频率正弦交流电采用旋转矢量表示后，它们的加减运算可采用平行四边形法则（或三角形法则）进行计算。

三、平行四边形法则

矢量的平行四边形法则通常表述为：求两个互成角度的矢量的合矢量，可以用表示这两个矢量的线段为邻边，作平行四边形，这两个邻边之间对角线的长度和方向就分别表示合矢量的大小和方向。

例 4－2 已知 $i_1 = 8\sqrt{2}\sin(\omega t - 30°)$ A，$i_2 = 6\sqrt{2}\sin(\omega t + 60°)$ A。求 $i_1 + i_2$。

解：

首先绘出 i_1 与 i_2 的旋转矢量图如图 4－9 所示，其中 $I_1 = 8$A，$I_2 = 6$A。

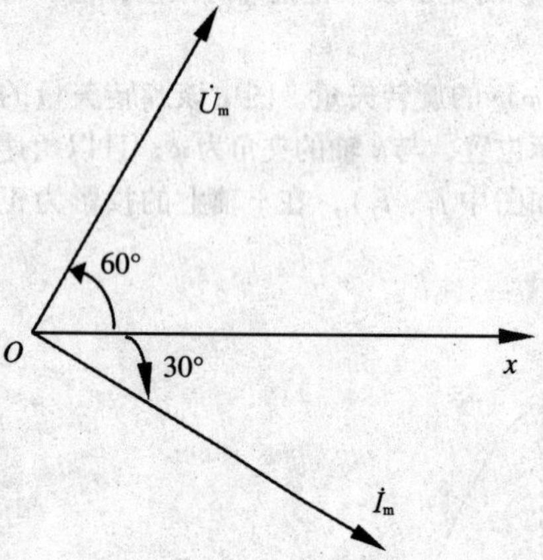

图 4－8 旋转矢量图

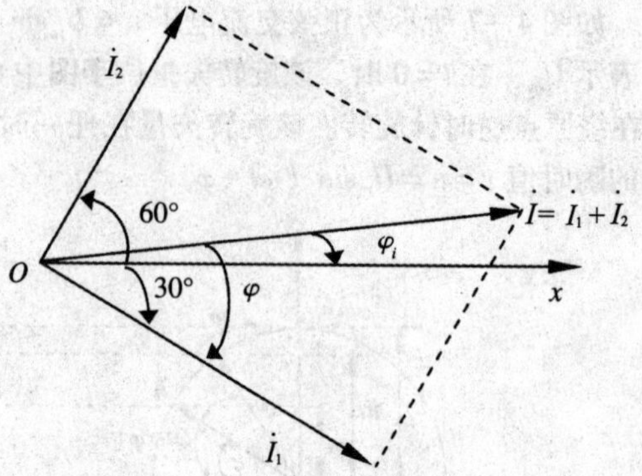

图 4－9

利用平行四边形法则做出 $\dot{I}_1 + \dot{I}_2$ 的矢量和，如图。根据数学知识可知：

$I = \sqrt{I_1^2 + I_2^2} = \sqrt{8^2 + 6^2} = 10$A

$\dot{I}$ 与 $\dot{I}_1$ 的相位差为 $\varphi = \arctan\dfrac{I_2}{I_1} = \arctan\dfrac{6}{8} \approx 37°$

所以 $\varphi_i = \varphi - 30° = 7°$

于是合成电流 $i = i_1 + i_2 = 10\sqrt{2}\sin(\omega t + 7°)$ A

当两个正弦量相减时，可采用加预减矢量的相反矢量（将预减矢量旋转 180°）的方法进行求和。

第三节 四种简单的单相交流电路

我们通常只有一个交流电源的交流电路称为单相交流电路，下面介绍负载较简单的单相交流电路。

一、纯电阻电路

只有线性电阻而没有电容和电感的电路叫做纯电阻电路。在生产和生活中，负载为白炽灯、电烙铁、电炉的交流电路都可近似看成是纯电阻电路。如图4－10（a）所示。

1. 电流与电压的关系

设电阻两端电压的瞬时值为 $u_R = U_{Rm} \sin \omega t$。

实验证明，交流电压与电流的瞬时值仍然符合欧姆定律，通过电阻 R 的电流瞬时值为

$$i = \frac{u_R}{R} = \frac{U_{Rm}}{R} \sin \omega t \qquad (4-5)$$

从上式可以看出，在正弦交流电作用下，通过电阻的电流是和电阻两端电压同频率的正弦交流电流，并且同相位。图4－10（b）、（c）分别为该电流与电压的矢量图与波形图。

由式（4－5）可知通过电阻的电流的最大值为

$$I_m = \frac{U_{Rm}}{R} \qquad (4-6)$$

把式（4－6）两边同除以 $\sqrt{2}$，得到电阻中电流有效值为

$$I = \frac{I_m}{\sqrt{2}} = \frac{U_{Rm}}{\sqrt{2}R} = \frac{U_R}{R} \qquad (4-7)$$

$$\Rightarrow U_R = IR \qquad (4-8)$$

由上面几个式子可以看出，在纯电阻交流电路中，电流与电压的瞬时值、最大值、有效值都符合直流电路的欧姆定律。

2. 电功率

在任一时刻电阻两端电压的瞬时值与该时刻通过电阻的电流瞬时值的乘积叫做电阻在该时刻的瞬时功率，用 p_R 表示。则

$$p_R = u_R i = (U_{Rm} \sin \omega t) \times (I_{Rm} \sin \omega t) = \frac{U_{Rm}^2}{R} \sin^2 \omega t$$

由数学知识可知，p_R 在任何时刻都不小于零（都为正值或等于零）。这说明只要电流通过电阻，电阻在任何时刻都要消耗电功率，即要从电源获取能量。因此电阻是耗能元件。电阻瞬时功率的波形图见图4－10（c）。由于瞬时功率时刻在变动，不便比较大小。通常用电阻在交流电一个周期内消耗的平均功率来表示功率的大小，该功率叫做有功功率，用 P 表示。有功功率的单位仍然是瓦（W）。则

$$P = \frac{W}{T}$$

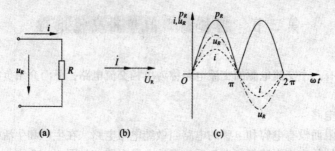

图 4-10 纯电阻电路

式中 W 是在电阻上一个周期内产生的热量。

经数学推导得到

$$P = IU_R = I^2R = \frac{U_R{}^2}{R} \qquad (4-9)$$

例 4-3 已知某电阻的阻值为 $R = 20\Omega$，加在其两端的交流电压有效值为 $U_R = 100V$，求 I 和 R。

解：

$$I = \frac{U_R}{R} = \frac{100}{20} = 5A$$

$$P = \frac{U_R{}^2}{R} = \frac{100^2}{20} = 500W$$

二、纯电感电路

纯电感是指阻值为零的电感线圈。当把它与交流电源接通后，就组成纯电感电路，如图 4-11（a）所示。实际上，电感线圈的电阻不可能为零，通常把电阻很小（可忽略）的电感线圈近似看作纯电感。

实验证明，如果给电感两端加上正弦交流电压后，电感中会有同频率的正弦交流电流通过。

1. 电流与电压的关系

假设给纯电感两端加上交变电压 u_L，电感中有交变电流 i 通过，如图 4-11（a）所示。根据电磁感应定律，电感上产生的自感电动势 e_L 为：

$$e_L = -L\frac{\Delta i}{\Delta t}$$

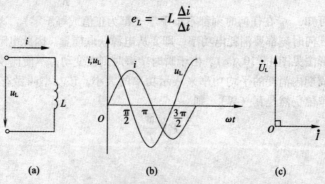

图 4-11 纯电感电路

由于电感线圈内阻为零，所以没有电阻电压降。根据基尔霍夫定律，有

$$u_L = -e_L = L\frac{\Delta i}{\Delta t}$$

这说明外加电压就完全用来平衡线圈所产生的自感电动势 e_L，即 u_L 与 e_L 任何时刻都大小相等，方向相反。

假设电感 L 中的电流为 $i = I_m\sin\omega t$，经过数学推导得到：

$$u_L = \omega L I_m \sin\left(\omega t + \frac{\pi}{2}\right) \tag{4-10}$$

从上式可知，纯电感中通过的电流 i 比电感两端的电压 u_L 滞后 $\frac{\pi}{2}$。电感中电流与电感两端电压的波形图和矢量图如图 4-11（b）、（c）所示。为什么电感中电流会滞后于电感两端电压呢？这是因为电感线圈中电流时刻在变化，线圈中就会产生自感电动势来反抗电流的变化，从而使电流的变化滞后于电感线圈两端外加电压的变化。例如当 u_L 达到最大值时，由于电感的反抗作用，使得电流 i 没有达到最大值，但此时 i 有增大的趋势，过一会儿才达到最大值。因此 u_L 与 i 之间会产生相位差。根据式（4-10）可得

$$U_{Lm} = \omega L I_m \text{ 和 } U_L = \omega L I$$

令

$$X_L = \omega L = 2\pi f L \tag{4-11}$$

则

$$U_L = IX_L \tag{4-12}$$

对比直流电路欧姆定律 $U = IR$，可知 X_L 相当于 R，表示电感对交流电的阻碍作用，我们称之为感抗，其单位是欧姆（Ω）。式（4-12）为纯电感电路欧姆定律。感抗 X_L 的大小取决于电感 L 和电流的频率 f。对某个电感线圈而言，一般电感 L 为定值，这时 X_L 将和 f 成正比。所以当电压大小一定时，频率高时电感通过的电流小。在直流电路中，因为频率 $f = 0$，则 $X_L = 0$，所以线圈的电感不起作用，只有线圈的电阻起作用，

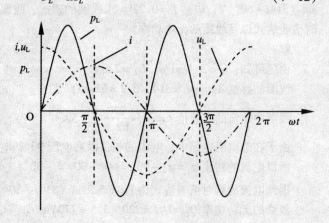

图 4-12　纯电感电路功率波形图

而对于纯电感则相当于短路。这就是电感线圈的"通低频阻高频"作用。

需要注意的是：纯电感电路欧姆定律是从电感中交流电压与交流电流的最大值和有效值关系推出的，因此这种关系只适用于计算最大值和有效值，不适用于计算瞬时值。

2. 功率

纯电感线圈的瞬时功率为

$$p_L = u_L i = U_{Lm}\sin\left(\omega t + \frac{\pi}{2}\right)I_m\sin\omega t = U_{Lm}\cos\omega t I_m\sin\omega t = \sqrt{2}\,U_L\cos\omega t\,\sqrt{2}\,I\sin\omega t = U_L I (2\sin\omega t\cos\omega t) = U_L I\sin2\omega t \tag{4-13}$$

由上式可知瞬时功率的频率为电感线圈电流频率的 2 倍。图 4-12 画出了 p_L 的变化曲线。我们以电流的周期做参照，从图中可以看到在第一个和第三个 1/4 周期内，p_L 为正值，

这表示线圈要从电源吸取电能，并把它转换成磁能储存在线圈中；在第二个和第四个 1/4 周期内，p_L 为负值，这表示线圈在向电源输送电能，也就是线圈把磁能再转换成电能返还给电源，此时线圈相当于一个电源。在一个周期内，线圈吸收的电能与放出的电能相等，因此纯电感的平均功率为零。也就是说纯电感在电路中不消耗有功功率（能量），只进行电能与磁能的转换，它在电路中是一种储能元件。虽然纯电感在电路中不消耗能量，但是电感在电路中进行着能量的交换，所以瞬时功率并不是零。那么我们如何衡量电源与纯电感之间能量交换的情况呢？一般用瞬时功率的最大值来反映。瞬时功率的最大值称为无功功率，用 Q_L 表示，其大小为

$$Q_L = U_L I = I^2 X_L = \frac{U_L^2}{X_L} \tag{4-14}$$

式（4-14）中各物理量的单位分别为 V、A、Ω 时，无功功率的单位是乏尔（Var），简称乏。需注意的是，无功功率并不表示"无用功率"，它是相对于有功功率而言的。它真正的含义指交换能量而不消耗能量。虽然电感不消耗能量，但是由于存在着和电源之间的能量交换，因此占用着电源的功率，会影响电源的效率。

由于电感既可以限制电流又不消耗能量，因而在交流电路用电感限流比用电阻经济。例如日光灯的镇流器就是电感线圈。

例 4-4 将一个电阻可忽略不计的电感线圈接到交流电源上，电源电压为 $u = 220\sqrt{2} \sin(314t + 60°)\text{V}$，电感 $L = 0.2\text{H}$。求线圈的感抗、线圈中电流的有效值、线圈中电流的瞬时值表达式以及线圈的无功功率。

解：

由题可知：$\omega = 314\text{rad/s}$，$U_L = 220\text{V}$

线圈的感抗 $X_L = \omega L = 314 \times 0.2 = 62.8\Omega$

线圈中电流的有效值 $I = \frac{U_L}{X_L} = \frac{220}{62.8} \approx 3.5\text{A}$

由于在纯电感电路中，电流的相位滞后电压 90°，电压的初相为 $\varphi_u = 60°$

所以电流的初相 $\varphi_i = \varphi_u - 90° = 60° - 90° = -30°$

因此电流的瞬时值表达式为 $i = 3.5\sqrt{2}\sin(314t - 30°)\text{A}$

线圈的无功功率 $Q_L = U_L I = 220 \times 3.5 = 770\text{Var}$

三、纯电容电路

前面已经学过电容是储存电荷的器件。如果在不带电的电容两端外加直流电压，则开始给电容充电，电容两端电压逐步上升；当电容两端电压等于外加电压时，电容将停止充电，这时电容相当于断路；当外加电压低于电容两端电压时，电容开始放电，电容两端电压逐步降低，直到等于外加电压时停止放电，这时电容相当于电源。

介质损耗很小，绝缘电阻很大的电容叫做纯电容。由纯电容组成的交流电路叫做纯电容电路。如图 4-13 所示为纯电容电路。如果在电容两端加上正弦交流电压，当外加电压升高时，由于电容电压不能突变，这时外加

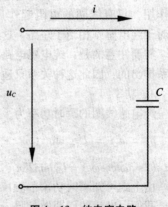

图 4-13 纯电容电路

电压高于电容电压，电容开始充电；当外加电压降低时，电容电压高于外加电压，电容开始放电。这时在电路中就会出现电流。实验证明这个电流是和外加电压同频率的正弦电流。

1. 电容电流与电容两端电压的关系

我们知道：$C = \dfrac{Q}{U_C}$，而 $Q = It$。假设在 Δt 时间内，电容中电荷变化量为 ΔQ，那么电容两端电压变化量为：$\Delta U_C = \dfrac{\Delta Q}{C} \Rightarrow \Delta Q = C\Delta U_C$。

电容中电流为：$i = \dfrac{\Delta Q}{\Delta t} = \dfrac{C\Delta U_C}{\Delta t}$。

假设加在电容两端的正弦电压为 $u_C = U_{Cm}\sin\omega t$，经过数学推导可得

$$i = \omega C U_{Cm} \sin\left(\omega t + \frac{\pi}{2}\right) \tag{4-15}$$

从式（4-15）可知，纯电容电路中，电容中的电流超前电容两端电压 $\dfrac{\pi}{2}$。电容两端电压与电流的波形图如图 4-14 所示。图 4-15 中画出了电流、电压的矢量图。

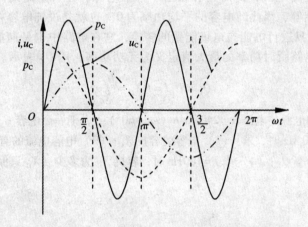

图 4-14 纯电容电路中电压、电流和功率的波形图

根据式（4-15）可得

$$I_m = \omega C U_{Cm} \text{ 和 } I = \omega C U_C$$

令

$$X_C = \frac{1}{\omega C} = \frac{1}{2\pi f C} \tag{4-16}$$

则

$$I = \frac{U_C}{X_C} \Rightarrow U_C = IX_C \tag{4-17}$$

X_C 称为容抗，单位是欧姆（Ω），表示电容对电流的阻碍作用。式（4-17）称为纯电容电路欧姆定律。当交流电压一定时，由式（4-16）可知，容抗 X_C 的数值与 f 和 C 成反比。对一个电容来说，电容量一般为定值，频率 f 越高，则容抗越小，电路中的电流越大，即电流容易通过电容。因此低频电流不容易通过电容。在直流电路中，因频率 $f = 0$，$X_C \rightarrow \infty$，电流 $i = 0$。这说明电容接入直流电路后，在稳态时处于断路状态，即直流电不能通过电容。这就是电容的"通高频阻低频"（隔直通交）作用，因此电容常用于隔直和滤波。需注

意的是，纯电容电路欧姆定律是从电压与电流的最大值和有效值推出的，因此这种关系只适用于计算最大值和有效值，不适用于计算瞬时值。

2. 功率

纯电容的瞬时功率为

$$p_C = u_C i = U_{Cm} \sin\omega t I_m \sin\left(\omega t + \frac{\pi}{2}\right) = U_{Cm}$$

$$I_m \sin\omega t \cos\omega t = 2U_C I \sin\omega t \cos\omega t = U_C I \sin 2\omega t \qquad (4-18)$$

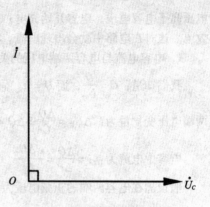

图 4-15 纯电容电路中电压与电流的矢量关系

由上式可知瞬时功率的频率是电容两端电压和电流频率的 2 倍。在图 4-14 上画出了 p_C 的变化曲线。以电压 U_C 的周期做参考，从图中可以看到：在第一和第三个 1/4 周期内，p_C 为正值，这表示电容要从电源吸取电能并把它储存在电容的电场中，即变为电场能量；在第二和第四个 1/4 周期内，p_C 为负值，表示电容在向电源输送电能，也就是电容把电场能量又转换成电能返还给电源，此时电容相当于一个电源。在一个周期内，电容吸收的电能与放出的电能相等，因此纯电容的平均功率为 0。也就是说纯电容在电路中不消耗有功功率（能量），只进行电能与电场能量的转换，它在电路中也是储能元件。与电感电路相似，把电容电路瞬时功率的最大值定义为无功功率，用 Q_C 表示。其大小为

$$Q_C = U_C I = I^2 X_C = \frac{U_C^2}{X_C} \qquad (4-19)$$

例 4-5 已知电源的电压 $u = 240\sqrt{2}\sin(\omega t + 60°)$ V，把一个电容 $C = 80\mu F$ 的电容器接到电源上。当 $f = 50$ Hz 时，求：(1) 电容的容抗 X_C；(2) 电容电流的有效值 I 及瞬时值表示式；(3) 无功功率 Q_C；(4) 当 $f = 100$Hz 时，容抗 X_C 为多少（X_C 只保留整数）。

解：

当 $f = 50$Hz 时

(1) $X_C = \dfrac{1}{\omega C} = \dfrac{1}{2\pi f C} = \dfrac{1}{2\pi \times 50 \times 80 \times 10^{-6}} \approx 40 \ \Omega$

(2) $I = \dfrac{U}{X_C} = \dfrac{240}{40} = 6A$

因为电容的电流超前电压 90°，

所以 $i = 6\sqrt{2}\sin(\omega t + 60° + 90°) = 6\sqrt{2}\sin(314t + 150°)$ A

(3) 无功功率 $Q_C = UI = 240 \times 6 = 1\ 440$ Var

(4) 当 $f = 100$ Hz 时，容抗 $X_C' = \dfrac{1}{\omega C} = \dfrac{1}{2\pi \times 100 \times 80 \times 10^{-6}} \approx 20 \ \Omega$

四、电阻与电感串联的单相交流电路

交流电路中的电感线圈，除具有纯电感 L 外，通常还具有电阻 R。当电阻的阻值不能忽略时，就构成了电阻与纯电感串联的交流电路，简称 RL 串联电路。为什么说是串联而不是并联呢？这是因为通过电感线圈的电流既通过纯电感 L 又通过电阻 R，因此相当于 R 与 L 串联。画出电感线圈的等效电路如图 4-16 所示。交流电路中的线圈一般都可看作 RL 串联电路。如工厂中的电动机、变压器的绕组以及日光灯的镇流器等。

1. 电压与电流的关系

实验证明：在 RL 串联电路中电压与电流是同频率的交流电。如图 4-16 所示 RL 串联电路中，外加电压 u 可分解成两部分，一部分降落在纯电感 L 上的电压 u_L，用来平衡 L 的自感电动势 e_L。因为电感不消耗电功率，所以 u_L 又叫电压的无功分量；另一部分是降落在电阻 R 上的电压 u_R。因为电阻要消耗电功率，所以 u_R 又叫电压的有功分量。因此总电压的瞬时值为 $u = u_R + u_L$，用旋转矢量表示为 $\dot{U} = \dot{U}_R + \dot{U}_L$。

电阻 R 上的电压 u_R 与电流 i 同相位，而电感电压 u_L 超前电流 $i\,90°$。如果以电流 $\dot{I}$ 为参考矢量即设电流 i 的初相为零，则画出矢量图如图 4-17 所示。根据平行四边形法则，可做出 $\dot{U}_R$ 与 $\dot{U}_L$ 的矢量和 $\dot{U}$。

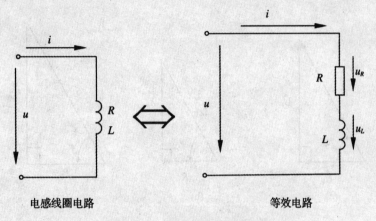

电感线圈电路　　　　　　　等效电路

图 4-16　电感线圈的等效电路

从矢量图中可以看出，电源电压 u 超前负载电流 i 一个角度 φ，且 $0° < \varphi < 90°$。这时我们说电路呈感性，此时的负载叫感性负载。

由图可知，总电压 $\dot{U}$ 与各分电压 $\dot{U}_R$、$\dot{U}_L$ 的数量关系符合直角三角形的三边关系，称为电压三角形，如图 4-17（a）所示。于是：

$$U = \sqrt{U_R^2 + U_L^2} \qquad (4-20)$$
$$U_R = U\cos\varphi \qquad (4-21)$$
$$U_L = U\sin\varphi \qquad (4-22)$$

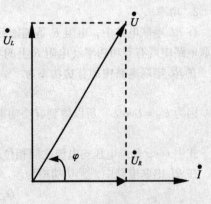

图 4-17　RL 串联电路中矢量关系

把 $U_R = IR$，$U_L = IX_L$ 代入式（4-20），可得：

$$U = \sqrt{(IR)^2 + (IX_L)^2} = I\sqrt{R^2 + X_L^2}$$

令 $Z = \sqrt{R^2 + X_L^2}$，可得

$$U = I\,|Z| \qquad (4-23)$$

式（4-23）称为交流电路欧姆定律。式中 Z 称为该电路的阻抗。其在电路中起阻碍电流的作用，它的单位也是欧姆（Ω）。上式说明在 RL 串联电路中，电压的有效值等于电流

电工操作技能与训练

的有效值乘以电路的阻抗。

由上面的分析不难看出，电阻、感抗与阻抗三者之间也符合直角三角形三边的关系，称为阻抗三角形，如图 4 – 18（b）所示。

由图 4 – 18 可得

$$\cos\varphi = \frac{R}{|Z|} \tag{4-24}$$

电压与电流的相位差角
$$\varphi = \arctan\frac{U_L}{U_R} = \arctan\frac{X_L}{R} \tag{4-25}$$

由此可见 φ 角的大小与电压、电流的数值无关，取决于电路中负载电阻与感抗的大小。

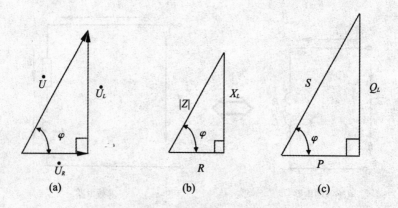

图 4 – 18　RL 串联电路中的三个三角形

2. 功率

在 RL 串联电路中，电阻 R 是耗能元件，而电感 L 是储能元件不消耗电能。因此在 RL 串联电路中既有有功功率（电阻 R 上的功率），又有无功功率（纯电感 L 上的无功功率）。

在 RL 串联电路中的有功功率为

$$P = I^2R = IU_R$$

因为 $U_R = U\cos\varphi$，所以得到有功功率的一般公式为

$$P = UI\cos\varphi \tag{4-26}$$

式中 $\cos\varphi$ 是总电压与电流之间相位差的余弦，叫做电路的功率因数。

在 RL 串联电路中，无功功率为

$$Q_L = U_LI = UI\sin\varphi \tag{4-27}$$

电源提供的总功率（电源电压与电源电流有效值的乘积）叫做视在功率，用 S 表示。则

$$S = UI \tag{4-28}$$

视在功率的单位是伏安（VA）或千伏安（kVA）。需要注意的是：乘积 UI 并不是电路实际消耗的功率，只有 $UI\cos\varphi$ 才是有功功率，所以我们把 S 叫做视在功率。视在功率通常多用来表示交流电气设备的容量，例如变压器和发电机的容量就是用视在功率表示的。

64

把式 $S = UI$ 代入式（4-26）与（4-27）有

$$P = S\cos\varphi \qquad\qquad (4-29)$$

$$\cos\varphi = \frac{P}{S} \qquad\qquad (4-30)$$

$$Q_L = S\sin\varphi \qquad\qquad (4-31)$$

$$S = \sqrt{P^2 + Q_L^{\,2}} \qquad\qquad (4-32)$$

由式（4-30）可知 P、Q_L 与 S 之间也符合直角三角形三边的关系，称为功率三角形，如图4-18（c）所示。

例4-6 把电阻为 $R = 6\,\Omega$，电感为 $L = 25\,\text{mH}$ 的线圈接到电压 $U = 110\,\text{V}$，频率 $f = 50\,\text{Hz}$ 的交流电源上。求：（1）线圈的阻抗 Z；（2）线圈中电流的有效值 I；（3）电路中的功率因数 $\cos\varphi$；（4）电路中的 P、Q、S。

解：

由题可知 $\omega = 2\pi f \approx 314\,\text{rad/s}$

（1）$X_L = \omega L = 314 \times 25.5 \times 10^{-3} \approx 8\,\Omega$

线圈的阻抗 $Z = \sqrt{R^2 + X_L^{\,2}} = \sqrt{6^2 + 8^2} = 10\,\Omega$

（2）线圈中电流的有效值 $I = \dfrac{U}{Z} = \dfrac{110}{10} = 11\,\text{A}$

（3）$\cos\varphi = \dfrac{R}{Z} = \dfrac{6}{10} = 0.6$

（4）$P = I^2 R = 11^2 \times 6 = 726\,\text{W}$

$\qquad Q = I^2 X_L = 11^2 \times 8 = 968\,\text{Var}$

$\qquad S = UI = 110 \times 11 = 1\,210\,\text{VA}$

五、提高功率因数的意义

电路的功率因数取决于所接负载的性质。例如当电路中接入纯电阻负载时，其功率因数最高 $\cos\varphi = 1$；当接入感性负载时，则功率因数小于1。工业生产中广泛使用的交流电动机是感性负载，其满载时的功率因数在 $0.7\sim0.9$ 之间。如果空载或轻载，功率因数会更低。

在相同的视在功率下，功率因数越高，则电源所发出的电能转换成有功的能量（热能或机械能）就越多，而与电感或电容之间交换的能量就越少，电源的利用率就高。

另外由公式 $P = UI\cos\varphi$ 可知，当电压一定，从电源取得相同的有功功率时，功率因数越大，电流 I 就越小，那么线路的损耗功率 I^2R 就越低。

因此提高功率因数，可以充分发挥电源设备的能力，并可以减小供电线路的功率损失。

提高功率因数的方法

提高功率因数一般采用以下两种方法：

● 提高用电设备自身的功率因数　这种方法主要是将交流电动机充分利用，让其工作在满载状态，不要用大容量电动机带小功率负载工作。

● 并联补偿装置　这种方法就是在感性负载两端，并联适当的容性负载（例如：电容器、同步补偿机等），达到提高功率因数的目的。

第四节　三相交流电路基础

一、概述

前面讲的交流电路是单相交流电路,电源只有两根输出线。单相交流电往往只在小功率设备和生活用电等方面使用。

目前世界上电力系统的供电方式绝大多数采用三相交流供电方式。采用三相交流电供电而很少采用单相交流电供电的原因是:

●与单相发电机、变压器相比,尺寸相同的三相发电机、变压器的容量大、工作稳定。

●三相输电线路与单相输电相比,在相同条件下(输送功率相同、电压相同、距离相等),可节约25%左右的导电材料,适于远距离输电。

●工农业生产上广泛使用的三相异步电动机是以三相交流电作为电源的,三相异步电动机与单相电动机相比具有结构简单、价格低廉、性能良好、工作可靠等优点。

二、三相电动势的产生

单相交流电动势通常由单相交流发电机产生,而三相交流电动势通常由三相交流发电机产生。发电机是根据电磁感应现象,利用导体切割磁力线产生感应电动势来工作的。

如图4-19所示为三相交流发电机的原理示意图。在定子中有三个绕组,它们的几何形状、尺寸、匝数均相同,在空间位置上互差120°。这三个绕组我们叫做三相绕组,分别用U、V、W表示。三相绕组的始端分别命名为U1、V1、W1,其末端分别命名为U2、V2、W2。转子磁极表面的磁通密度是按正弦规律分布的。当转子以均匀角速度ω旋转时,在三相绕组上分别产生最大值、频率均相同,而相位互差120°的三相正弦电动势e_U、e_V、e_W,这三相正弦电动势称为对称三相交流电动势。以后在没有特别说明的情况下,三相交流电是指对称三相交流电。

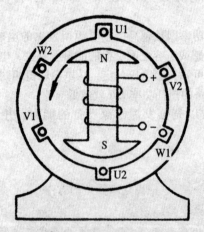

图4-19　三相交流
发电机原理图

当转子以角速度ω逆时针旋转时,设各相电动势的最大值均为E_m,以U相为参考正弦量，设其初相位为零，则三相正弦电动势可表示如下：

$$e_U = E_m \sin\omega t$$

$$e_V = E_m \sin\ (\omega t - 120°)$$

$$e_W = E_m \sin\ (\omega t - 240°)\ = E_m \sin\ (\omega t + 120°)$$

e_U、e_V、e_W 的波形图和矢量图如图 4 – 20 所示。

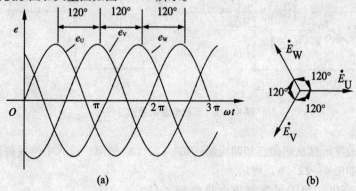

图 4 – 20　三相电动势的波形图、矢量图

　　三相电动势达到正的最大值的先后次序叫做相序。在图 4 – 19 中，当转子按逆时针方向旋转时，三相电动势达到正的最大值顺序为 e_U、e_V、e_W，其相序为 U、V、W，通常叫做正序（或顺序）；若最大值出现的顺序为 e_U、e_W、e_V，其相序为 U、W、V，通常叫做负序（或逆序）。工程上常用的相序是正序。

三、三相电源的星形连接

　　如图 4 – 21 所示如果把三相发电机各个绕组的两端分别接上负载，就构成互不相关的三个单相电路，这时有 6 根引出线，叫做三相六线制。显然这种方式显示不出三相交流电的优越性，因此很少采用。

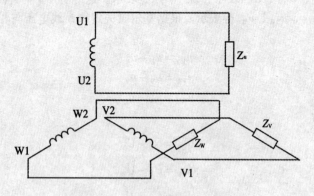

图 4 – 21　三相电源的三相六线制接

　　将三相发电机中三相绕组的末端 U2、V2、W2 连接在一起，始端 U1、V1、W1 引出线作为输出线，这种连接方法称为星形接法，用"Y"表示。如图 4 – 22 所示。从始端 U1、V1、W1 引出的三根线称为相线或端线，俗称火线。末端接成的一点称为中性点，用 N 表示。从中性点引出的输电线称为中性线，简称中线。一般供电系统的中性点是直接接地的，

这时中性点称为零点，中性线称为零线。在工程中，U、V、W 三根相线分别用黄、绿、红三种颜色加以区别。

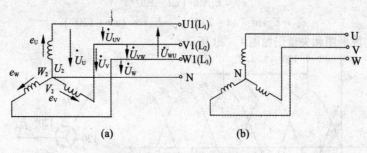

图 4-22 三相电源的星形连接

有中性线的星形接法叫做三相四线制，如4-22（a）所示。没有中性线的星形接法叫做三相三线制，如图4-22（b）所示。

有时为了简化线路图可省略发电机绕组，只画出输电线表示相序。如图 4-23 所示。

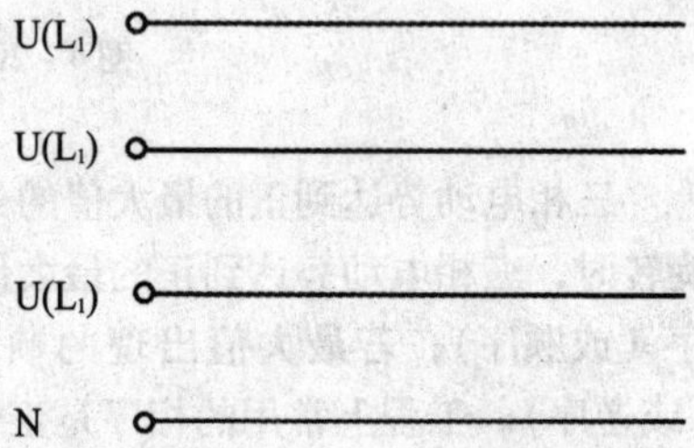

U(L₁)
U(L₁)
U(L₁)
N

图 4-23 三相电源简化图

在图 4-22（a）中，相线与中性线之间的电压即各相绕组两端的电压称为相电压。相电压的正方向规定为从始端指向末端。其有效值分别用 U_U、U_V、U_W 表示，统一用 $U_{相}$ 表示。此时有 $U_U = U_V = U_W = U_{相}$。相电压瞬时值用 u_U、u_V、u_W 表示，此时有 $u_U = e_U$，$u_V = e_V$，$u_W = e_W$。

相线与相线之间的电压称为线电压。线电压的正方向由下标文字的先后顺序标明。一般正方向为从超前一相指向滞后一相。线电压的有效值分别用 U_{UV}、U_{VW}、U_{WU} 表示，统一用 $U_{线}$ 表示。这时有 $U_{线} = U_{UV} = U_{VW} = U_{WU}$。线电压的瞬时用值 u_{UV}、u_{VW}、u_{WU} 等表示。根据基尔霍夫定律，线电压与相电压的瞬时值关系为

$$u_{UV} = u_U - u_V$$
$$u_{VW} = u_V - u_W$$
$$u_{WU} = u_W - u_U$$

用矢量表示为

$$\dot{U}_{UV} = \dot{U}_U - \dot{U}_V$$
$$\dot{U}_{VW} = \dot{U}_V - \dot{U}_W$$
$$\dot{U}_{WU} = \dot{U}_W - \dot{U}_U$$

以 u_U 为参考，画出 u_U、u_V、u_W 的旋转矢量图，如图 4-24 所示。根据平行四边形法则，在图中做出线电压 u_{UV}、u_{VW}、u_{WU} 的旋转矢量。

由图可得线电压与相电压有效值的关系为：

$$U_{UV} = \sqrt{3} U_U$$
$$U_{VW} = \sqrt{3} U_V$$

$$U_{WU} = \sqrt{3}\,U_W$$

$$即\ U_{线} = \sqrt{3}\,U_{相} \qquad (4-33)$$

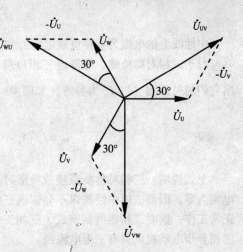

图 4-24 相电压与线电压的矢量关系

从图中可以看出，$\dot{U}_{UV}$ 超前 $\dot{U}_U$ 30°，$\dot{U}_{VW}$ 超前 $\dot{U}_V$ 30°，$\dot{U}_{WU}$ 超前 $\dot{U}_W$ 30°，即线电压超前与之对应的相电压 30°。因此线电压之间在相位上也是互差 120°，所以它们也是对称的。

通常在低压供电系统中采用三相四线制供电。这种供电方式可输送两种电压即相电压和线电压。日常生活中用的交流电压 220V 就是指相电压；三相异步电动机额定工作电压 380V 就是指线电压。

四、三相负载的连接方式

接在三相电源上的负载统称为三相负载。根据所接电源的情况分别叫做 U 相负载、V 相负载、W 相负载。如果三相负载中各相负载的大小与性质都完全相同，则叫三相对称负载，如三相异步电动机等。如果各相负载不同，则叫三相不对称负载，如灯、电风扇等。三相负载有两种连接方法星形连接和三角形连接。

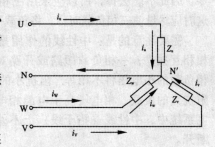

图 4-25 三相负载的星形接线

1. 三相负载的星形连接

将三相负载中各个负载的末端连接在一起，把连接点用 N′ 表示，并与三相电源的中性点 N 相连；而三相负载的首端分别接到三根相线上，这种连接形式称为三相负载的星形连接，用"Y"表示。如图 4-25 所示。图中 Z_u、Z_v、Z_w 为各相负载的阻抗值。各相负载两端的电压称为负载的相电压，其有效值用 $U_{Y相}$ 表示。负载相线之间的电压称为负载的线电压，其有效值用 $U_{Y线}$ 表示。如果忽略线路上的电压降，则负载的相电压等于电源的相电压，负载的线电压等于电源的线电压。负载的相电压 $U_{Y相}$ 与线电压 $U_{Y线}$ 之间的关系为 $U_{Y线} = \sqrt{3}\,_{Y相}$。

相线中的电流称为线电流，线电流的瞬时值用 i_U、i_V、i_W 表示。线电流矢量用 $\dot{I}_U$、$\dot{I}_V$、$\dot{I}_W$ 表示，统一用 $\dot{I}_{Y线}$ 表示。流过每相负载的电流称为负载的相电流，负载相电流的瞬时值用 i_u、i_v、i_w 表示，相电流矢量用 $\dot{I}_u$、$\dot{I}_v$、$\dot{I}_w$ 表示，统一用 $\dot{I}_{Y相}$ 表示。由图可知，各相的线电流就是该相负载的相电流。即

$$\dot{I}_U = \dot{I}_u$$

$$\dot{I}_V = \dot{I}_v$$

$$\dot{I}_W = \dot{I}_w$$

$$I_{Y线} = I_{Y相} \qquad (4-34)$$

对各相负载来说，相电流 $I_{Y相}$、相电压 $U_{Y相}$ 与其阻抗 $Z_{相}$ 之间关系符合欧姆定律，即：

$$U_{Y相} = I_{Y相} Z_相$$

中性线上的电流为各相负载电流的和，即：$i_N = i_u + i_v + i_w$ 或 $\dot{I}_N = \dot{I}_u + \dot{I}_v + \dot{I}_w$。

对于三相对称负载，可得出三相负载的相电流大小相等，各相电流之间互差 120°，做出它们的矢量和（以 $\dot{I}_u$ 为参考）如图 4 – 26 所示。从图中可看到：

$$\dot{I}_N = \dot{I}_u + \dot{I}_v + \dot{I}_w$$

即

$$i_N = i_u + i_v + i_w = 0$$

(4 – 35)

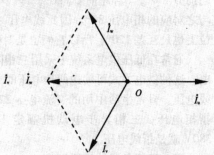

图 4 – 26　三相对称负载星形
连接时电流矢量图

上式说明：三相对称负载接成星形时，中性线电流为零。因而去掉中性线也不会影响三相电路的正常工作，这时三相四线制就成了三相三线制。如三相异步电动机就只有三根电源线。

当三相负载不对称时，各相电流大小不一定相等，相位差也可能不是 120°，这时中性线电流不是零，因此不能去掉，所以应采用三相四线制供电。这时应尽量使三相负载对称，将负载平均分接在三相电源上。

需要注意的是：中性线的作用是强制使星形连接的不对称负载相电压相等。这样各相相互独立，一相负载短路或开路对其他相没有影响。如果中性线断开，实验证明，各相负载的相电压将不相等。阻抗小的负载，相电压低于电源相电压，可能不能正常工作；阻抗大的负载，相电压高于电源相电压，可能会被烧坏。因此，在三相负载不对称的供电系统中，中性线（指干线）上不能接入熔断器或开关，中性线常用钢心导线制成以免断开。

例 4 – 7　已知星形连接的三相对称负载，各相电阻为 3Ω，感抗为 4Ω，三相电源的线电压为 380V，求各相负载相电流与线电流的大小。

解：

因为各相负载对称，所以各相负载相电流大小相等、线电流大小也相等。

$$U_{Y相} = \frac{U_{Y线}}{\sqrt{3}} = \frac{380}{\sqrt{3}} = 220 \text{ V}$$

负载阻抗为 $Z_相 = \sqrt{3^2 + 4^2} = 5 \text{ Ω}$

负载相电流为 $I_{Y相} = \frac{U_{Y相}}{Z_相} = \frac{220}{5} = 44 \text{ A}$

$I_{Y线} = I_{Y相} = 44 \text{ A}$

2. 三相负载的三角形连接

如图 4 – 27 所示，把三相负载分别接在两根不同相线之间的接法称为三角形连接，用"△"表示。从图中可看出负载的相电压等于电源的线电压，即 $U_{△相} = U_{△线}$。规定各相负载相电流的正方向与各相负载相电压的参考方向一致。

根据基尔霍夫定律，可得：

$$\dot{I}_U = \dot{I}_{uv} - \dot{I}_{wu}$$

$$\dot{I}_V = \dot{I}_{vw} - \dot{I}_{uv}$$

$$\dot{I}_\mathrm{W} = \dot{I}_\mathrm{wu} - \dot{I}_\mathrm{vw}$$

当三相负载对称时，三相负载各相的相电流大小相等，相位互差 $120°$。我们以为 $\dot{I}_\mathrm{uv}$ 参考做出矢量图，如图 $4-28$。

由数学知识可知，线电流与相电流的关系：

$$I_\mathrm{U} = \sqrt{3} I_\mathrm{uv}$$
$$I_\mathrm{V} = \sqrt{3} I_\mathrm{vw}$$
$$I_\mathrm{W} = \sqrt{3} I_\mathrm{wu}$$

即
$$I_{\triangle 线} = \sqrt{3} I_{\triangle 相} \tag{4-36}$$

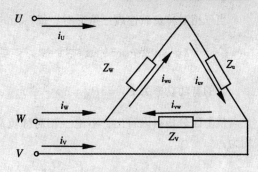

图 $4-27$ 三相负载三角形接线

由图可知，它们的相位关系是线电流滞后对应相电流 $30°$。各相线电流之间也是大小相等，在相位上互差 $120°$。

从前面的分析可知，同一个三相对称负载（假定允许连成星形和三角形），连成星形时，各相负载的相电压、相电流均为三角形接法的 $\dfrac{1}{\sqrt{3}}$，星形接法时线电流是三角形接法时的 $\dfrac{1}{3}$。

三相负载究竟应采用星形连接还是三角形连接，必须根据每相负载的额定电压和电源电压来确定。

3. 三相负载的功率

在负载不对称的情况下，三相负载中各相负载的有功功率不同，应分别计算。三相电路总的有功功率为各相负载的有功功率之和，即：

$$P = P_\mathrm{u} + P_\mathrm{v} + P_\mathrm{w} = U_\mathrm{u} I_\mathrm{u} \cos\varphi_\mathrm{u} + U_\mathrm{v} I_\mathrm{v} \cos\varphi_\mathrm{v} + U_\mathrm{w} I_\mathrm{w} \cos\varphi_\mathrm{w} \tag{4-37}$$

上式中 U_u、U_v、U_w 为各相负载的相电压，I_u、I_v、I_w 为各相的相电流，$\cos\varphi_\mathrm{u}$、$\cos\varphi_\mathrm{v}$、$\cos\varphi_\mathrm{w}$ 为各相的功率因数。

在负载对称的三相电路中，各相负载的功率相同，因此三相电路总的有功功率为每相负载有功功率的 3 倍。即

$$P = 3 U_相 I_相 \cos\varphi_相 = 3 P_相 \tag{4-38}$$

当三相对称负载连成星形时，每一相的有功功率为

$$P_相 = U_{Y相} I_{Y相} \cos\varphi_相 = U_{Y相} I_{Y线} \cos\varphi_相 = \frac{U_{Y线}}{\sqrt{3}} I_{Y线} \cos\varphi_相$$

总的有功功率为 $P_\mathrm{r} = 3 P_相 = 3 \times \dfrac{U_{Y线}}{\sqrt{3}} I_{Y线}$

$$\cos\varphi_相 = \sqrt{3} U_{Y线} I_{Y线} \cos\varphi_相$$

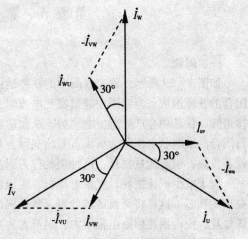

图 $4-28$ 对称负载三角形
连接时电流矢量图

当三相对称负载连成三角形时，每一相的有功功率为

$$P_{相} = U_{\triangle相}I_{\triangle相}\cos\varphi_{相} = U_{\triangle线}\frac{I_{\triangle线}}{\sqrt{3}}\cos\varphi_{相} = \frac{U_{\triangle线}}{\sqrt{3}}I_{\triangle线}\cos\varphi_{相}$$

总的有功功率为 $P_{\triangle} = 3P_{相} = 3 \times \dfrac{U_{\triangle线}}{\sqrt{3}}I_{\triangle线}\cos\varphi_{相} = \sqrt{3}U_{\triangle线}I_{\triangle线}\cos\varphi_{相}$

从上面分析可以看出，不论三相对称负载连成星形还是三角形，其三相总的有功功率均为：

$$P = 3U_{相} I_{相} \cos\varphi = \sqrt{3}U_{线} I_{线} \cos\varphi \tag{4-39}$$

式中 $\cos\varphi$ 相为各相负载的功率因数。

同理，三相对称负载的无功功率 $Q = 3U_{相} I_{相} \sin\varphi = \sqrt{3}U_{线} I_{线} \sin\varphi$ (4-40)

三相对称负载的视在功率：$S = 3U_{相} I_{相} = \sqrt{3}U_{线} I_{线}$ (4-41)

例 4-8 已知绕组为三角形连接的三相异步电动机，每相绕组的阻抗为 $Z_{相} = 10\Omega$，每相线圈的电阻为 $R_{相} = 9\Omega$，将该电动机接到线电压为 380V 的三相电源上。试求该电动机的相电流、线电流及有功功率的大小。

解：

因为三相异步电动机是接成三角形，所以有 $U_{\triangle相} = U_{\triangle线}$

$$I_{\triangle相} = \frac{U_{\triangle相}}{Z_{相}} = \frac{380}{10} = 38\ A$$

$$I_{\triangle线} = \sqrt{3}I_{\triangle相} = \sqrt{3} \times 38 \approx 66\ A$$

因为 $\cos\varphi = \dfrac{R_{相}}{Z_{相}} = \dfrac{9}{10} = 0.9$

所以 $P = \sqrt{3}I_{线} U_{线} \cos\varphi = \sqrt{3} \times 66 \times 380 \times 0.9 \approx 39\ 095\ W$

第五节　涡流与集肤效应

一、涡流

如图 4-29 所示，假定线圈中的铁芯是由整块铁磁材料制成的，这个铁芯可看成由许多闭合的铁环组成。当线圈中通过交变电流时，铁芯中会有交变的磁通通过。根据电磁感应定律可知，铁芯中会产生感应电动势，从而形成感应电流，其形状如同水中漩涡。这种本身自行闭合的漩涡状电流称为涡流。涡流实际上是一种电磁感应现象。涡流在铁芯中流动，会使铁芯发热，引起能量损耗，这种损耗称为涡流损耗。

为了减少涡流损耗，交流电动机、变压器等有铁芯的电气设备都采用相互绝缘的硅钢片叠成的铁芯。这样将涡流区域分割，延长涡流路径。又因硅钢具有较大的电阻率，且经过绝缘处理，使得涡流回路电阻增大，涡流大为减小，如图 4-29（b）所示。

涡流使铁芯发热这是不利的一面。但也可利用这一点来进行加热，例如：工业上的高频感应熔炼炉就是利用涡流产生高温来融化金属的。另外在电能表中，是利用涡流对转动的铝盘进行制动的，这些都是涡流有利的地方。

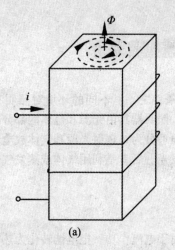 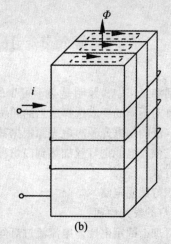

(a)   (b)

图 4 - 29 铁芯中的涡流

二、集肤效应

当直流电通过导线时，导线横截面上各处的电流密度是相等的。而当交流电通过导线时，导线横截面上越靠近中心处的电流密度越小，越靠近导线表面，电流密度越大。这种交变电流在导体内分布不均匀，越靠近导线表面电流密度越大的现象称为集肤效应（也叫趋肤效应）。电流频率越高集肤效应越明显。如图 4 - 30 所示为几种不同频率交流电在导线中流动的示意图。

当高频电流通过导线时，电流都集中在导线表面的一层中通过，而中心部分几乎没有电流通过。因此为了有效利用导电材料，在高频电路中常采用空心导线。发生集肤效应时，实际上等于减小了导线的有效截面积，使电阻增加，这对高频信号来说是不利的。这种情况下，可以用多股相互绝缘的绞合导线或编织线来增大导线的表面积以减小电阻。

在金属热加工中，可以利用集肤效应对钢材或其成品进行表面硬化处理，这叫高频淬火。其原理就是将工件放在通有高频电流的线圈中，此时工件中将有涡流产生。由于集肤效应，涡流只对金属的表面进行加热，从而完成表面淬火的工作。频率越高加热的深度越浅，这样就可通过控制电流的频率来控制加热的深度。

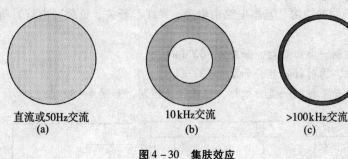

直流或50Hz交流   10kHz交流   >100kHz交流
(a)   (b)   (c)

图 4 - 30 集肤效应

73

第六节　日常照明电路简介

现代生活和工作中，照明是必不可少的物质条件之一。不同的环境对照明有不同的要求，因此要针对不同的要求选择适当的照明器具。照明器具由光源和灯体两部分构成。目前光源应用最广泛的是电光源。电光源根据其工作原理分为热辐射光源和气体放电光源，前者如白炽灯，它依靠电能把灯丝加热到白炽程度而发光。后者是利用气体或蒸发气体放电而发光，如日光灯。

一、白炽灯照明电路

1. 白炽灯的发光原理

给白炽灯加上额定电压，电流流过灯丝时，由于电流作功，把电能转化为热能，灯丝温度上升，最后使灯丝达到白炽状态而发光。

2. 白炽灯的结构和特点

●结构：如图 4-31 所示，灯丝材料是钨，封装在密闭的玻璃外壳中。为了保护灯丝，大功率的白炽灯玻璃壳内抽成真空并充入惰性气体，小功率的只抽成真空。灯丝两端通过引线分别与灯头上两个相互绝缘的电极相连。

●特点：白炽灯的优点是结构简单，安装维修方便，适用电压范围较广，价格便宜等；缺点是使用寿命较短，发光效率低。因此它适用于照明要求不高，开关次数频繁的场所，如楼道的声控照明。

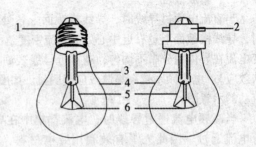

图 4-31　白炽灯的结构

1—螺口灯头；2—卡口灯头；3—玻璃支架；
4—玻璃外壳；5—灯丝引线；6—灯丝

3. 白炽灯照明电路的安装

（1）安装要求　电灯的位置与高度要适当，使灯光照射均匀明亮；合理选择灯罩形式，它与环境的颜色、使用条件有密切的关系；做到安全、经济、美观、合理、维修方便等基本要求。

（2）白炽灯照明的结构　基本电路由电源、导线、开关、负载（电灯）等组成，常用的基本电路有：

●一个开关控制一盏白炽灯，如图 4-32（a）。

●灯与灯并联，同时接插座，如图 4-32（b）。

●用两个双联开关控制一盏白炽灯，实现异地控制，如图 4-32（c）。

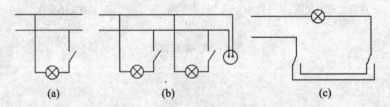

| (a) | (b) | (c) |

图 4-32　白炽灯的基本电路

安装白炽灯应注意的问题

● 开关应串接在相线上，开关与插座的离地高度一般不应低于1.3m；生产、生活上有特殊要求时，插座可以装低，但离地应不小于15 cm。

● 若灯座是螺口式，注意把电源的中性线接到灯口的螺旋铜圈上，相线经过开关接到灯头的中心铜片上。

● 对于有特殊要求的环境，如相对湿度经常在80%以上、环境温度经常在40℃以上、有导电灰尘、导电地面等条件之一的潮湿、危险场所，电灯灯座应至少离地2.5m；办公室、商店、住房等一般场所内的灯座应不低于2m。

● 对于低处无安全措施的车间照明、行灯和机床局部照明，为减少触电事故，应改用36V及以下的电压。

● 安装吊灯时，导线应用绝缘软线，上部为挂线盒，下部为灯座。应使导线与接线螺钉的连接点不受拉力。

● 一般情况下，白炽灯电路与其他用电设备是并联关系。

二、日光灯照明电路

1. 日光灯各元件的作用

（1）荧光管 荧光管是一根内充少量水银蒸汽和惰性气体的玻璃管，内壁上涂有一薄层荧光物质，两端各有一个由钨丝绕制的灯丝和由镍丝制成的电极。在交变电压作用下，两电极将交替发射和接收电子。当管内因有水银蒸汽而发生弧光放电时，便放射紫外线，荧光物质受其激发而发出可见光，发光的颜色随荧光物质的不同而异，一般作为照明用的荧光管所发出的光接近自然光，故称为日光灯。

（2）镇流器 它实际上是一个铁芯线圈，其作用有：在荧光管起燃过程中，产生足够的自感电动势，形成瞬时高压，使荧光管发生弧光放电；起燃后，限制荧光管中的电流，使其稳定工作。

（3）启辉器 启辉器为一小型荧光管，内充惰性气体，并装有两个电极：一个是由双金属片制成的可动电极（双金属片两层的膨胀系数不同），另一个为固定电极。平时两电极处于断开状态，当小荧光管发生辉光放电时，双金属片受热而向膨胀系数小的一边伸胀，直到与固定电极触点接触后放电就停止，双金属片冷却并恢复原状，触点断开，所以它是一个自动开关。启辉器两极间并有一个小电容，可以消除管内因辉光放电和电极断开时产生的电火花对无线电设备的干扰。

2. 日光灯电路的工作原理

电路接通电源之初，电源电压全部加在启辉器两电极上，启辉器首先产生辉光放电，直至两电极触点闭合，电流开始流经镇流器、荧光管的两灯丝及启辉器两电极，此电流约比荧光管正常工作电流大两倍，使灯丝迅速加热，荧光管电极受热而发射电子。电路接通后（约经过两秒钟）因启辉器放电停止，启辉器中双金属片冷却并恢复原状，电路会突然断开。在电路断开间，镇流器将产生超荧光管工作电压4~5倍的自感电动势，与电源电压叠加至荧光管两端，使荧光管中的自由电子与气体分子碰撞电离，产生弧光放电，管壁上的荧光物质发出可见光。荧光管一旦发生放电后，电流就通过电极、管内自由电子和气体分子形成回路。由于维持放电时荧光管两端电压较低，大部分电源电压降在镇流器上，启辉器与荧光管并联，故此电压不足以使启辉器再次放电，启辉器失去开关作用。此后荧光管将正常工作直至断电。

荧光管正常工作后，可近似视为电阻负载，所以日光灯电路可看成是 $R-L$ 串联电路，故日光灯电路通常在接电源端并联一只电容器，其容量为将电路功率因数提高至接近于 1 时所需的值，以减小电源的供电电流。

3. 日光灯照明电路（如图 4-33 所示）

4. 安装日光灯应注意的问题

● 镇流器必须和电源电压、灯管功率相配合，不可混用。由于镇流器比较重又是发热体，应将镇流器反装在灯架中间。

● 启辉器规格需要根据灯管的功率大小来决定，启辉器宜装在灯架上便于检修的位置。一般装于灯架的侧面。

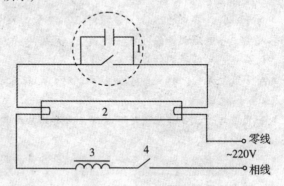

图 4-33 日光灯控制电路图
1—启辉器；2—灯管；3—镇流器；4—开关

● 安装日光灯管要有专用灯座，灯座有弹簧式和旋转式两种，应注意防止因灯脚松动而使灯管跌落，可以采用弹簧灯座，或者把灯管与灯架扎牢。如果灯架与平顶紧贴，木架内的镇流器应有适当的通风。

● 同白炽灯电路一样，开关应串装在相线上，日光灯应与其他用电器和插座并联。

 小探囊

照明装置故障的处理方法

● 当所装灯具全部不亮时，应检查总开关及进线端：当总开关跳闸或总熔丝熔断则为线路或设备短路或负载太大所致，如熔丝盒内黑糊糊一片或锡珠飞溅则为短路造成，如只有熔丝中间段熔断，并有锡液流滴痕迹则为过载造成。当总开关未跳闸或总熔丝未熔断则为进线断路或某相接触不良所致。

● 只有部分灯不亮则为支路或支路开关有上述故障的存在，应从支路进线及支路开关开始检查。

● 某一灯不亮则为该分路或开关有上述故障，或灯具接线错误、或接触不良、或灯泡损坏、或开关损坏，特别是日光灯必须检查其所有的接点（包括启辉器、镇流器）是否接触良好。灯具不能正常发光，一般原因有电压太低、接触不良、线路陈旧漏电及绝缘不够、或灯泡灯管损坏等。

检查上述故障时，首先用万用表测量一下进线端有无电压、电压是否正常。没有万用表时用一新灯泡试亮。如用试电笔最好用数字式试电笔，它能显示电压值，用氖泡试电笔一般很难分辨电压的大小而导致判断失误。再者要准确区分火线、控制火线和零线，不要随意拆卸或打开接头，以免弄乱影响下一步处理。检查故障时要一个回路一个回路逐步检查，不得急于求成，要耐心细致。夜间处理故障应使用临时照明，若不急需照明，可等白天再做处理。处理故障时常带电操作，必须注意安全，除穿绝缘鞋外，最好站在干燥的木板或凳子上。当原因确定后，应断电后再做进一步的处理。

1. 交流电与直流电有什么区别？

2. 什么是交流电的瞬时值、最大值？

3. 什么是交流电的周期和频率？两者有什么关系？

4. 我们平时用的交流电的频率是多少？周期是多少？

5. 什么是正弦交流电的相位和初相？两者有什么关系？

6. 什么是正弦交流电的角频率？它与周期和频率有什么关系？

7. 正弦交流电的三要素是什么？

8. 什么是交流电的有效值？我们平时用的交流电的有效值和最大值是多少？

9. 让5A的直流电流和最大值为5A的交流电流分别通过阻值相同的电阻，问在交流电一个周期内，哪个电阻发出的热量大？为什么？

10. 已知一交流电流 $i = 8\sqrt{2}\sin(314t - 30°)$ A，问其最大值、有效值、角频率、频率、周期和初相各是多少？

11. 两个同频率的交流量的相位关系有哪几种，各表示什么意思？

12. 写出正弦交流电作用下的纯电阻电路的欧姆定律。

13. 写出正弦交流电作用下的 *RL* 串联电路的欧姆定律。

14. 无功功率是无用功率吗？为什么？

15. 在正弦交流电路中，*RL* 串联电路的总电压与电感两端电压和电阻两端电压之间有什么关系。

16. 在正弦交流电作用下纯电阻电路、纯电感电路、纯电容电路的功率因数各是多少？

17. 为何采用三相交流电输电而很少采用单相交流电输电？

18. 什么叫对称三相交流电动势？什么叫三相交流电的相序？

19. 三相负载做星形连接时，中性线有什么作用？

20. 三相负载有几种接法？对于三相对称负载每种接法中的线电压与相电压、线电流与相电流是什么关系？

21. 三相对称交流电路的有功功率、无功功率和视在功率如何计算？

22. 为什么星形接法的三相交流电动机，只要三根电源线供电就可以了？

23. 什么是涡流？交流电动机和变压器是如何减小涡流的？

24. 什么是集肤效应？

变压器与电动机基础

本章主要讲述变压器与电动机的一些基础知识，其具体内容包括变压器的用途、分类、基本结构及单相变压器的工作原理；电动机的分类，三相笼型异步电动机的结构及旋转磁场的产生。

教学目标

1. 理解变压器的用途、分类和基本结构；
2. 掌握变压器的工作原理和各额定参数的意义；
3. 理解三相异步电动机结构及其铭牌参数的意义；
4. 掌握旋转磁场的产生原理。

＊ ＊ ＊ ＊ ＊ ＊ ＊ ＊ ＊ ＊ ＊

第一节　变压器基础知识

一、变压器的用途

变压器是一种常见的电气设备。我们平时用电几乎都和变压器有关。变压器主要用于变换交流电压，在变换过程中，交流电的频率不变。但是变压器不能变换直流电压。

大家可能听说过高压输电，那为什么输电时要用高压呢？从发电厂把电输送给用户需要很长的导线，根据公式 $P = UI\cos\varphi$，当输送功率 P 与负载的功率因数 $\cos\varphi$ 为定值时，电压 U 越高，则线路电流 I 越小。这样可以减少输电导线的截面积，节省材料，节约成本。另外供电线路电阻的损耗功率为 $P = I^2R$，损耗与电流的平方成正比。一般供电线路的电阻 R 可认为是定值，这时如果供电电流 I 减小一倍，则损耗减少为以前的1/4。可见提升电压可大大降低供电线路的损耗，节约电能。因此远距离输电采用高压电最经济。通常远距离输电线上的电压可达 500 kV 甚至更高。而发电机从安全运行和制造成本上考虑，一般不可能直接产生这样高的电压。因此输电时往往要用升压变压器将电压升高。而在用户方面，各类电器所需电压也不一样，多数都在220V、380V，只有少数工厂用3 kV 或 6 kV 的高压电动机。有些电器的额定电压更低，如机床上的照明灯在36V 或 24V，因此使用时还须用降压变压器将电压降低。

变压器除了可以改变电压以外，还可以改变电流的大小以及进行阻抗变换等。

二、变压器的分类

变压器的种类很多，按相数分为单相、三相和多相变压器；按用途可分为电力变压器（如升压变压器、降压变压器）、特种变压器（如整流变压器、电焊变压器）、仪用互感器（电压互感器、电流互感器）；按冷却方式分为干式变压器、油浸式变压器等。

三、变压器的基本结构

变压器的种类很多，但其基本结构几乎都是一样的。最简单的变压器是由一个闭合的铁芯和绕在铁芯上两个匝数不等的绕组组成。其结构示意图与图形符号如图 5-1 所示。

绕组是变压器的电路部分，一般由绝缘铜线或铝线绕制而成。与电源相接的绕组叫做一次侧绕组（或原边绕组），与负载相接的绕组叫做二次侧绕组（或副边绕组）。

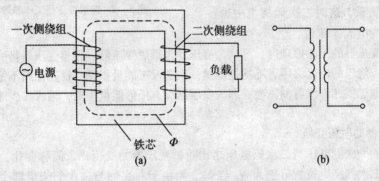

图 5-1　变压器的基本结构示意图和图形符号

铁芯是变压器的磁路部分，并作为变压器的机械骨架。为了提高磁路的磁导率，降低铁芯内的涡流损耗，铁芯通常用硅钢片叠装而成。根据绕组的位置不同，铁芯分为芯式和壳式两类。如图 5-2 所示。小型变压器的铁芯常用的有 E 字形、F 字形、日字形等，如图 5-3 所示。

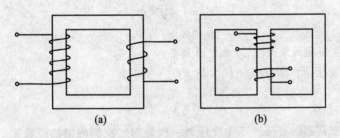

图 5-2　芯式变压器与壳式变压器结构示意图

（a）芯式；（b）壳式

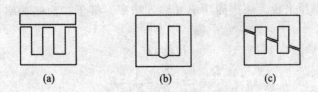

图 5-3　小型变压器的铁芯形式

（a）E 字形；（b）日字形；（c）F 字形

四、单相变压器的工作原理

变压器是利用电磁感应原理制成的电气设备。如图 5-4 所示，在外加正弦电压 u_1 的作用下，一次侧绕组中便有正弦交变电流 i_1 流过，二次侧绕组两端产生的电压为 u_2。i_1 在铁芯中产生正弦交变磁通。绝大部分磁通都是沿铁芯闭合并与一次侧、二次侧绕组交链，称为主磁通 Φ_m。此外有极少一部分磁通没有通过铁芯而闭合，称为漏磁通。如果二次侧绕组接上负载，这时二次侧绕组中也会有正弦交变电流 i_2 流过。

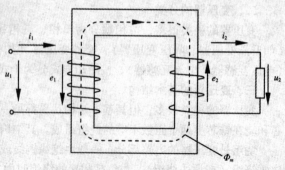

图 5-4　理想变压器工作原理

在分析变压器的工作原理时，可认为变压器为理想变压器。理想变压器指的是在变换电压的过程中，绕组的电阻为零，不损耗能量；铁芯没有能量损耗，铁芯磁路不饱和；线圈产生的磁通都通过铁芯，没有漏磁通。即该变压器没有任何能量损失，输入多少能量输出多少能量。

1. 变压器的电压变换

变压器的一次侧电压与二次侧电压之比叫做变压器的变压比，简称变比，用 K_u 表示。设一次侧与二次侧绕组匝数分别为 N_1 与 N_2，则由于一次侧与二次侧绕组都受主磁通的作用，根据法拉第电磁感应定律，在两个绕组中产生的感应电动势分别为 e_1 与 e_2。它们是与电源同频率的正弦交流电动势，在图中所示参考方向下有：

$$e_1 = -N_1 \frac{\Delta \Phi}{\Delta t} \qquad e_2 = N_2 \frac{\Delta \Phi}{\Delta t}$$

如果用 E_1、E_2、U_1、U_2 分别表示 e_1、e_2、u_1、u_2 的有效值，则经过数学推导有

$$E_1 = 4.44 f N_1 \Phi_m$$
$$E_2 = 4.44 f N_2 \Phi_m$$

式中 Φ_m 为主磁通的最大值，f 为电源频率。

因为是理想变压器，则有 $E_1 = U_1$，$E_2 = U_2$，所以有

$$\frac{U_1}{U_2} = \frac{N_1}{N_2} = K_u \tag{5-1}$$

上式表明：变压器的变压比等于变压器一次侧与二次侧绕组的匝数比。当 $N_1 > N_2$ 时，$K_u > 1$，为降压变压器；当 $N_1 < N_2$ 时，$K_u < 1$，为升压变压器。

2. 变压器的电流变换

对于理想变压器来说，一次侧功率（输入功率）等于二次侧功率（输出功率），所以有：

$$U_1 I_1 = U_2 I_2$$

即

$$\frac{I_1}{I_2} = \frac{U_2}{U_1} = \frac{N_2}{N_1} = \frac{1}{K_u} = K_i \tag{5-2}$$

式中 K_i 称为变压器的变流比。

式（5-2）表明：变压器有变换电流的作用，且电流的大小与匝数成反比。

例5-1 已知某变压器 $N_1=1\,000$ 匝，$N_2=200$ 匝，$U_1=200V$，$I_2=10A$。求 U_2 和 I_1。

解：

由题可知 $K_u=\dfrac{N_1}{N_2}=\dfrac{1000}{200}=5$

因此 $U_2=\dfrac{U_1}{K_u}=\dfrac{200}{5}=40V$

$I_1=\dfrac{I_2}{K_u}=\dfrac{10}{5}=2A$

3. 变压器的阻抗变换

变压器除了具有电压和电流变换作用外，还具有阻抗变换的作用，用来实现阻抗匹配。

假设变压器的负载为 R_L，对于理想变压器有

$$U_1I_1=U_2I_2={I_2}^2R_L \Rightarrow U_1=\frac{{I_2}^2R_L}{I_1}$$

此时对于一次侧电源来说，输出了电压也输出了电流，相当于带了一个负载 R，则

$$R=\frac{U_1}{I_1}=\frac{{I_2}^2R_L}{{I_1}^2}=\left(\frac{I_2}{I_1}\right)^2R_L={K_u}^2R_L \tag{5-3}$$

上式表明：负载 R_L 接到变压器的二次侧时，对电源而言相当于 ${K_u}^2R_L$ 这个负载直接接到电源上，也就是说 ${K_u}^2R_L$ 是 R_L 在变压器一次侧的等效电阻，如图5-5所示。

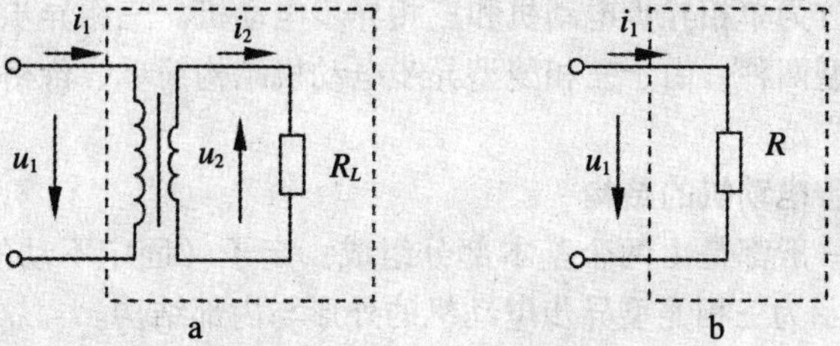

图5-5 变压器的阻抗变换

在电子电路中，常利用变压器的这种特性来获得较大的功率输出。例如音响设备为了能在扬声器中获得最好的音响效果（获得最大的功率输出），要求输出的阻抗与扬声器的阻抗尽量相等。扬声器的阻抗往往只有几欧到几十欧，而音响设备的输出阻抗在几百欧、几千欧以上，为此两者之间接上一个变压器，来达到阻抗匹配的目的。

五、变压器的额定参数

1. 额定电压 U_{1N} 和 U_{2N}

一次侧额定电压 U_{1N} 是指加在一次侧绕组上的正常工作电压值。对于三相变压器是指一次侧绕组线电压值。它是由变压器的绝缘强度和允许发热条件来确定的。二次侧额定电压 U_{2N} 是指变压器一次侧加额定电压，二次侧空载时，二次侧绕组两端的电压值。对于三相变压器是指二次侧绕组的线电压。额定电压的单位是伏（V）。

2. 额定电流 I_{1N} 和 I_{2N}

额定电流是指根据变压器允许条件而规定的绕组所能通过的满载电流值（最大电流值），在三相变压器中指线电流，单位是安（A）。

3. 额定容量 S_N

变压器的额定容量用视在功率表示。指变压器在额定工作状态下，二次侧绕组的额定电压与额定电流的乘积，单位是千伏安（kVA）。

单相变压器：$S_N = \dfrac{U_{2N}I_{2N}}{1\,000}$（kVA）

三相变压器：$S_N = \dfrac{\sqrt{3}\,U_{2N}I_{2N}}{1\,000}$（kVA）

4. 额定频率 f

指允许加在变压器一次侧绕组上的电压频率。我国规定的标准频率是 50Hz。

第二节　电动机基础知识

一、电动机的分类

电机是一种用来将电能与机械能相互转换的设备。电机按工作原理可分为发电机和电动机。发电机是将机械能转换成电能的设备。我们平时用的电几乎都是由发电机发出来的。电动机是将电能转换成机械能的设备。电动机在日常生活和工业生产当中应用非常普遍。电动机按通过电流的种类分为直流电动机和交流电动机。交流电动机可分为同步电动机和异步电动机。异步电动机又分为单相异步电动机和三相异步电动机。三相异步电动机按转子结构不同可分为笼型和绕线型两种。由于三相笼型异步电动机结构简单、价格便宜、工作可靠，因而在工业上应用非常广泛。

二、三相笼型异步电动机的结构

三相异步电动机一般都是由两个基本部分组成：定子（固定不动的部分）和转子（旋转部分）。图 5 - 6 所示为三相笼型异步电动机的外形与内部结构。

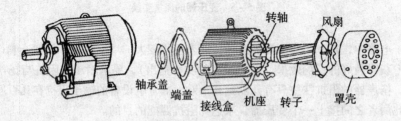

图 5 - 6　三相笼型异步电动机外形与内部结构

三相异步电动机的定子主要由机座、定子铁芯、定子绕组等组成。机座通常由铸铁或铸钢制成，起支撑作用，用来固定和支撑定子铁芯。机座内装有由互相绝缘的硅钢片叠成的定子铁芯。定子铁芯内圆上开有均匀的槽，用来安装定子绕组。定子铁芯是磁路的一部分，并起固定定子绕组的作用。定子绕组的作用是产生旋转磁场，是电动机的定子电路部分，一般采用紫铜作为绕组。

三相异步电动机的转子一般由转子铁芯、转子绕组、转轴等组成。转子铁芯也是电动机磁路的一部分，用来固定转子绕组。与定子铁芯一样，转子铁芯一般也是由硅钢片冲压叠成。转子铁芯的外圆上开有槽，用来嵌放转子绕组。转子绕组是电动机由电能变成机械能的主要部件。三相笼型异步电动机一般是在转子铁芯的槽内放置铜条，在转子铁芯两端槽口用两个铜环（端环）将槽内铜条短接，形成闭合回路。如果将转子铁芯去掉，整个转子绕组的外形像一个松鼠笼子，因此叫鼠笼式转子简称笼型。笼型转子除了有铜条转子以外还有铸铝转子。转轴的作用是固定转子铁芯和传递机械能量，一般由低碳钢制成。有时为了散热，转轴上还装有风扇。另外，为了使转子正常旋转，在定子铁芯与转子铁芯之间还留有一定的缝隙（叫做气隙）。气隙一般在 $0.25 \sim 1.5\text{mm}$ 之间。图 5 – 7 所示为三相笼型异步电动机的定子、转子硅钢片和铸铝转子外形图。

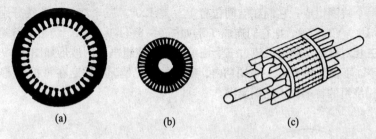

(a)　　　　　　　(b)　　　　　　　(c)

图 5 – 7　三相笼型异步电动机的定子、转子硅钢片和铸铝转子外形图
(a) 定子硅钢片；(b) 转子硅钢片；(c) 铸铝转子

三、三相异步电动机的铭牌参数

铭牌位于电动机的机座上，上面标明了电动机的型号、额定电压、额定电流等技术参数。弄懂铭牌参数对电动机的选用、安装、使用、维护及修理都是非常重要的。

三相异步电动机铭牌上主要有以下数据，其意义如下：

1. 型号

例如 Y112M – 4 中"Y"表示 Y 系列异步电动机，"112"表示电动机的中心高为 112 mm，"M"表示中机座（L 表示长机座，S 表示短机座），"4"表示 4 极电动机。

2. 额定电压 U_N

额定电压指电动机在额定运行状态下，加在电动机定子绕组上的线电压值，其单位为 V 或 kV。例如：Y 系列电动机的额定电压都是 380V，是指线电压为 380V。

3. 额定电流 I_N

电动机在额定状态下运行时，定子绕组输入的线电流值称为额定电流，其单位为 A 或 kA。

4. 额定功率 P_N

指电动机在额定状态下运行时，其轴上所能输出的机械功率，其单位为 W 或 kW。

5. 额定转速 n_N

指电动机在额定状态下运行时，电动机转子的转速，其单位为 r/min（转/分）。

6. 额定频率 f

指电动机在额定状态下运行时，定子绕组所接电源的频率。我国规定的额定频率为 50Hz。

7. 连接方式

指电动机定子绕组的连接方法。电动机定子绕组有两种连接方法：△（三角形）或 Y（星形）接法。小型电动机多采用 Y 接法；大中型电动机多采用△接法。

8. 绝缘等级

指电动机所用绝缘材料的耐热等级。通常分为七个等级，如表 5－1 所示。

9. 工作制指电动机的运行方式

一般分为"连续工作制"（代号为 S1）、"短时工作制"（代号为 S2）、"断续周期工作制"（代号为 S3）三种工作方式。

四、旋转磁场的产生

三相异步电动机是利用旋转磁场来工作的。旋转磁场是怎样产生的呢？如图 5－8（a）所示为一个最简单的 2 极三相异步电动机定子剖面示意图：定子绕组分别为 U、V、W 三相，每相由一个线圈组成；它们在空间位置上互差 120°。三个绕组的首端分别为 U1、V1、W1，尾端为 U2、V2、W2，把它们连成 Y 形如图 5－8（b）所示。绕组的首端接三相对称电源，便有三相对称的正弦电流流过三个绕组。三相绕组电流的波形如图 5－9 所示，其中 i_u 的初相为零。下面分析在 i_u 一个周期内，磁场的变化情况。假定在每相交流电的正半周，电流都从该相绕组的首端流入尾端流出。

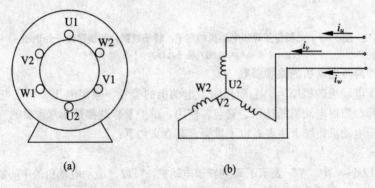

图 5－8　最简单的 2 极电动机示意图

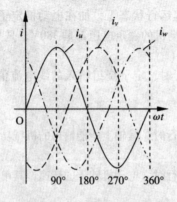

图 5－9　三相绕组电流波形图

84

表 5-1

绝缘等级	Y	A	E	B	F	H	C
最高工作温度/°C	90	105	120	130	155	180	>180

1. 当 $\omega t = 0$ 时，$i_u = 0$，U 相绕组没有电流，不产生磁场；$i_v < 0$，说明 V 相电流的实际方向为从 V2 流入，V1 流出；$i_w > 0$，说明 W 相电流的实际方向为从 W1 流入，W2 流出。此时我们可用安培定则来判断合成磁场的方向，如图 5-10（a）所示。从图中可看出磁场为两个磁极（一对磁极）。

2. 当 $\omega t = 90°$ 时，$i_u > 0$，说明 U 相电流的实际方向为从 U1 流入，U2 流出；$i_v < 0$，说明 V 相电流的实际方向为从 V2 流入，V1 流出；$i_w < 0$，说明 W 相电流的实际方向为从 W2 流入，W1 流出。此时合成磁场仍然为一对磁极，其方向如图 5-10（b）所示。

可见从 $\omega t = 0$ 到 $\omega t = 90°$，合成磁场逆时针转动了 90°。

同理当 $\omega t = 180°$、270°、360° 时，合成磁场的方向，如图 5-10（c）、（d）、（e）所示。

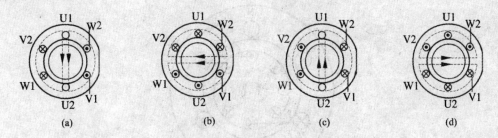

图 5-10 两极旋转磁场的形成原理

由此可见，把对称三相交流电通入交流电动机后，随着三相电流的变化即随着时间变化，它们所产生的合成磁场在空间不断地旋转，这个磁场称为旋转磁场。图中这个旋转磁场为两极磁场。当三相交流电变化一个周期时，这个两极旋转磁场也转动一周（360°）。如果三相交流电的频率为 f，则旋转磁场的转速为 f 转/秒（r/s）。如果旋转磁场为四极（两对磁极）磁场，同样可以分析出当三相交流电变化一个周期时，磁场转动 1/2 周（180°）。以此类推，当旋转磁场为 p 对磁极时，三相交流电变化一个周期旋转磁场转动 $1/p$ 周。当交流电的频率为 f 时，该旋转磁场的转速为 f/p（转/秒）。一般电动机的转速单位为"转/分"（r/min），所以换算成"转/分"为

$$n_s = \frac{60f}{p} \tag{5-4}$$

式中 n_s——旋转磁场转速也叫同步转速，单位 r/min；

$\quad\quad f$——三相交流电的频率，单位 Hz；

$\quad\quad p$——磁场的磁极对数。

由于我国电源频率为 50Hz，因此当 $p = 1$ 时，$n_s = 3\,000$r/min；$p = 2$ 时，$n_s = 1\,500$r/min；

$p=3$ 时，$n_s=1\ 000\mathrm{r/min}$；$p=4$ 时，$n_s=750\mathrm{r/min}$。

从上面的分析还可以发现，旋转磁场的转向与通入定子绕组的三相电源相序一致，即从相序超前一相转向滞后一相。如果改变通入定子绕组的电源相序，即对调任意两根定子绕组所接电源线，旋转磁场就能反向旋转，这时电动机转子也会反转。

五、三相异步电动机工作原理

当三相异步电动机定子绕组通入三相交流电时，在气隙中将产生旋转磁场。该旋转磁场相对转子转动，转子绕组切割磁力线，因此在转子绕组中产生感应电动势。某一瞬时的旋转磁场情况如图 5－11 所示，图中假定旋转磁场顺时针旋转。由于转子绕组为闭合回路，因此会形成转子电流。转子电流与旋转磁场相互作用，产生电磁力（电磁力的方向可由左手定则判定），从而形成电磁转矩。电磁转矩的方向与旋转磁场同向，该电磁转矩会带动转子旋转。因此，电动机转子的转动方向与旋转磁场的转向相同。

如果假定转子转速 n 与旋转磁场转速 n_s 相同即同步运行。这时转子绕组将不切割磁力线，转子绕组中就没有感应电动势和感应电流，电磁转矩也就没有了，电动机将停转。因此三相异步电动机转子转速始终小于旋转磁场的转速，所以才叫异步电动机。

三相异步电动机带额定负载工作时，其转速与同步转速相差不大，一般相差在 1% ~ 7% 之间。

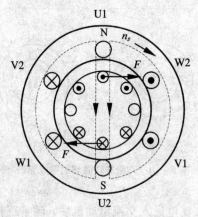

图 5－11　三相异步电动机工作原理

1. 为什么变压器的铁芯要用硅钢片叠成？能否用整块的铁芯？

2. 为什么电力工程上要采用高压送电？

3. 变压器主要由哪些部分组成？它们各起什么作用？

4. 什么是变压器的变压比？什么是变压器的变流比？

5. 一铭牌上标有 220/110V 的变压器，能否用来把 380V 的电压降低至 190V 使用？为什么？

6. 某变压器的一次侧电压为 220V，二次侧电压为 110V，问该变压器的变压比是多少？

7. 三相异步电动机有哪几部分组成？各部分的作用是什么？

8. 变压器有哪些类型？

9. 电动机有哪些类型？

10. 什么叫旋转磁场？

11. 如何改变三相异步电动机的转向？

12. 如果同时改变三相异步电动机定子绕组三根电源线的接线顺序，旋转磁场会改变方向吗？为什么？

第六章

电气控制基础

本章主要讲述常用电气控制基础知识，其具体内容包括常用低压电器、低压控制电器、低压开关、熔断器、按钮开关、行程开关、接触器、继电器等；同时还讲述了电气原理图绘制和三相异步电动机基本控制线路以及可编程序控制器简介。

1. 掌握常用的低压配电电器和控制电器的结构和应用注意事项；
2. 掌握电气控制线路原理图的绘制原则；
3. 掌握三相异步电动机的基本控制线路原理及应用；
4. 了解 PLC 的基本知识。

＊ ＊ ＊ ＊ ＊ ＊ ＊ ＊ ＊ ＊ ＊

第一节 常用低压电器

一、概述

在工业生产中，采用电动机来拖动生产机械工作是最常见的，也是最主要的方式。这种拖动方式叫做电力拖动。电力拖动方式可简化生产机械的传动机构，提高生产效率，且可控性好，能实现远距离控制和自动控制，因而得到了广泛应用。

在电力拖动系统当中，电动机是最重要的部分，它负责将电能转换成机械能。控制电动机运转的电路称作电力拖动控制线路。电力拖动控制线路最常见的是继电接触器控制方式，这种控制方式采用有触点的按钮、继电器、接触器等电器组成控制线路。

在继电接触器控制线路中，电动机的通断电由电器来控制。电器在电路中的作用就是控制用电设备的通断电、切换用电设备的工作方式、保护用电设备、控制或检测电参数或非电参数等。

通常电器按工作电压的高低分为高压电器和低压电器。工作在交流额定电压 1 200V 及以下、直流额定电压 1 500V 及以下的电器叫低压电器。本章只介绍低压电器。低压电器的分类方法很多，按低压电器的动作方式可分为自动电器和非自动电器。例如：接触器、时间继电器为自动电器；按钮、组合开关为非自动电器。按低压电器在电路中的位置和作用可分为低压配电电器和低压控制电器。例如：接触器和继电器一般用在控制电动机工作的控制电路中为控制电器，刀开关一般用作电源的总开关，熔断器用于电源的短路保护，它们为配电电器。

二、低压配电电器

1. 低压开关 低压开关主要用于接通和分断电路，也可用于电路的转换，一般为非自动电器。常见的低压开关有组合开关、刀开关、空气开关等。

（1）组合开关 组合开关也叫转换开关，在电路中常用作电源的总开关，也有用于控制电动机正反转的组合开关。图6-1所示为HZ10系列组合开关的外形及组合开关的图形、文字符号。

HZ10系列组合开关共有三对静触头和三对动触头。静触头的一端装在绝缘垫板上，另一端伸出盒外，并附有接线柱，以便与电源或负载相连。动触头与绝缘钢纸板铆合在一起，装在绝缘方轴上，通过手柄可使绝缘方轴带动动触头按顺时针或逆时针方向每次旋转90°，这样实现动、静触头的接通与断开。

由于组合开关结构紧凑、体积小、操作方便，故广泛应用于机床上，作为电源的开关。通常组合开关不带负载操作，但也可用于小电流电路的通断电，例如：用于5kW以下小容量电动机的直接启动与停止。

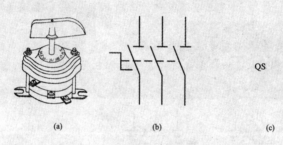

（a）   （b）   （c）

图6-1 组合开关
（a）外形；（b）图形符号；（c）文字符号

组合开关使用注意事项

使用组合开关时应注意以下四点：

第一，HZ10系列组合开关为断开状态时，应使手柄在水平位置。

第二，组合开关与短路保护设备配合使用才能保证线路与设备的安全。

第三，组合开关通断电流的能力差，直接控制交流电动机启动时，开关的额定电流应取电动机额定电流的1.5~2.5倍，且每小时接通次数不能超过15~20次。

第四，HZ3系列组合开关在使用时外壳应可靠接地，接线时要看清标记，电源进线分别接L1、L2、L3接线柱，出线分别接U、V、W接线柱。

（2）刀开关 刀开关主要用来接通与断开长期工作的用电设备的电源（如照明电路），也可用于一定容量交流电动机的直接启动。刀开关一般与熔断器配合使用组成负荷开关，负荷开关的主要类型有开启式负荷开关与封闭式负荷开关。

1）开启式负荷开关 开启式负荷开关也叫闸刀开关，广泛应用于照明电路，也可用于功率5.5kW以下电动机不频繁地直接启动。开启式负荷开关有二极与三极两种，三极开启式负荷开关如图6-2所示。开启式负荷开关的符号如图6-3所示。

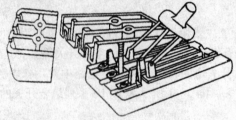

图6-2 三极开启式负荷开关的结构

 小锦囊

开启式负荷开关使用注意事项

开启式负荷开关使用时应注意以下三点：

第一，必须垂直安装，不能水平放置，合闸时手柄应朝上。

第二，电源进线接与静触头相连的接线柱，出线接与熔丝下端相连的接线柱，不能接反，否则在换熔丝时，会发生触电事故。

第三，开启式负荷开关的额定电压应大于或等于所控线路的额定电压；用于照明电路时，额定电流应大于或等于负载的额定电流；用于控制三相交流电动机直接启动时，额定电流不应小于电动机额定电流的3倍。

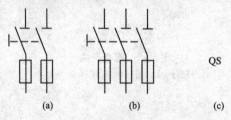

图6-3 开启式负荷开关
(a) 二极；(b) 三极；(c) 文字符号

2）封闭式负荷开关 封闭式负荷开关也叫铁壳开关，其外形如图6-4所示。封闭式负荷开关在电路中的图形及文字符号与开启式负荷开关相同。封闭式负荷开关与开启式负荷开关相比具有储能分合闸装置，使触头分合迅速；另外还具有机械连锁装置，即在合闸状态下不能打开开关盖，开关盖打开时不能合闸。因此封闭式负荷开关的通断电性能、灭弧性能、安全防护性能都优于开启式负荷开关。一般用于不频繁地接通和断开带负荷的电路，也可用于功率15 kW以下交流电动机不频繁地直接启动。

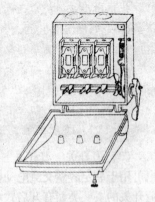

图6-4 封闭式负荷开关

封闭式负荷开关使用注意事项

第一，封闭式负荷开关必须垂直安装，其外壳一定要可靠接地。

第二，电源进出线必须从进出线孔通过，进线接静触头一端的接线柱，出线接熔断器上边的接线柱。

第三，合闸时不准面对开关，要站在开关的手柄侧操作。另外，封闭式负荷开关额定电压与电流的选择与开启式负荷开关相同。

（3）自动空气开关　自动空气开关也叫低压断路器，它集过载保护功能、短路保护功能于一身，有的还具有欠压、失压以及漏电保护功能。因此它应用广泛，主要用作供电线路的电源开关（不频繁地接通和断开带负荷的电路），也可用于直接控制电动机的运行。自动空气开关的图形、文字符号如图6-5所示。

2. 熔断器

熔断器是一种最常见也是最简单的起短路保护作用的电器，使用时和被保护的线路串联。短路时熔断器利用电流的热效应，在被保护线路损坏之前，将自身熔体熔断使线路断开，起到保护作用。熔断器的图形及文字符号如图6-6所示。

常用的熔断器有螺旋式、半封闭插入式、有填料封闭管式等。不管哪种熔断器，其主要元件都是熔体。常见的熔体有丝状的、片状的。熔体常用的材料有两种：在小电流电路中，一般使用铅锡合金，做成丝状；在大电流电路中，一般使用银、铜等金属做成片状。

（1）螺旋式熔断器　螺旋式熔断器结构紧凑、体积小，一般用于机床电路或振动较大的场合。常见的是RL1系列熔断器，螺旋式熔断器的结构如图6-7所示。使用时按"低进高出"的原则接线，即电源进线接低接线柱，电源出线接高接线柱，并且熔断器的指示色标应向外放置，以便熔断器熔断后能显示出来。

（2）半封闭插入式熔断器　半封闭插入式熔断器最常见的是RC1A系列熔断器，外形如图6-8所示。这种熔断器结构简单、价格便宜、更换方便，一般多用于照明线路。

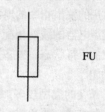

图6-5　自动空气开关的图形、文字符号

图6-6　熔断器的图形及文字符号

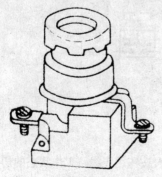

图6-7　螺旋式熔断器的结构

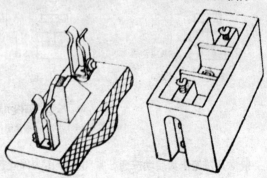

图6-8　RC1A系列熔断器的结构

（3）有填料封闭管式熔断器　有填料封闭管式熔断器常见的是 RT0 系列熔断器，外形如图 6 - 9 所示。这种熔断器的填料为石英砂，具有一定的灭弧能力。一般用于有易燃、易爆气体和工作电流较大的场合。这种熔断器有红色的熔断指示装置，它会在熔断器熔断后自动弹出来。

熔断器使用注意事项

熔断器在使用时应注意以下四点：

第一，熔断器的额定电压不应小于线路的工作电压。

第二，熔体的额定电流应不大于熔断器的额定电流。

第三，用于照明或电热负载时，熔体的额定电流应等于或稍大于负载的工作电流。

第四，用于电动机的短路保护时，应取电动机额定电流的 $1.5 \sim 2.5$ 倍。

三、低压控制电器

1. 按钮开关

按钮开关简称按钮，一般用来手动接通或断开控制电路，是电力拖动系统中最简单、最常用的发出指令的电器。按钮一般与接触器或继电器的线圈相配合，用来间接控制电动机的运行状态。大多数按钮都具有自动复位功能。

按钮的类型较多，按结构形式分为开启式、防水式、紧急式、旋钮式、钥匙操作式等。不管是哪种结构的按钮，按不受外力作用时触头的分合状态，可分为常开按钮、常

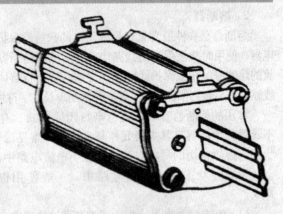

图 6 - 9　RT0 系列熔断器的外形

闭按钮、复合按钮三种。按钮的结构示意图及符号如图 6 - 10 所示。需要注意的是复合按钮按下时，按钮的常闭触头先断开，常开触头后闭合；松开复合按钮时，按钮的常开触头先复位（断开），常闭触头后复位（闭合）。对于复合按钮和常开按钮，按下时要按到底，直到常开触头闭合，否则线路可能不能正常工作。

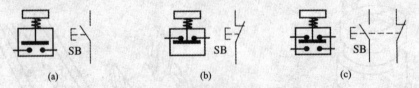

図 6 - 10　按钮的结构示意图及符号

（a）常开按钮；（b）常闭按钮；（c）复合按钮

一般常开按钮作为启动按钮，常闭按钮作为停止按钮，复合按钮用于线路工作状态的切换。按钮有多种颜色，一般启动按钮用绿色，停止按钮用红色。

2. 行程开关

行程开关也叫位置开关，主要通过机械方式来检测工作机械的位置，发出指令来控制线路的通断，从而间接控制工作机械的运动方向和行程等。行程开关的结构与按钮类似，但其动作要由机械撞击。行程开关的外形及图形、文字符号如图6－11所示。

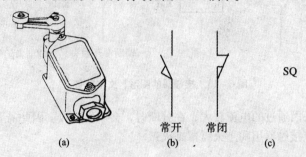

SQ

常开   常闭

(a)   (b)   (c)

图6－11 行程开关
(a) 外形；(b) 图形符号；(c) 文字符号

行程开关按机械部分的运动方式分为直动式和滚动式；按触头的动作方式，可分为瞬动式和慢动式；按复位方式可分为自动复位式和非自动复位式。

3. 接触器

接触器是一种可以远距离频繁地接通和断开大电流电路的自动开关，一般用于控制电动机、电加热器等大功率负载。接触器的触头按通过电流的大小分为主触头和辅助触头。接触器的触头按线圈未通电时的状态分为常开触头和常闭触头。主触头可通断大电流，如电动机的电流。辅助触头只能用于小电流电路，如控制电路。接触器按主触头通过的电流种类可分为交流接触器和直流接触器。一般交流接触器有三对主触头（常开触头）、四对辅助触头（两对常开、两对常闭）。交流接触器的外形及结构示意图如图6－12所示。当接触器线圈通过电流时，铁芯产生磁场，吸引衔铁闭合，衔铁带动触头动作（闭合或打开）。当线圈断电时，在复位弹簧的作用下，衔铁带动触头复位。由于接触器的触头有联动关系，因此线圈通电衔铁闭合时，常闭触头先断开，常开触头后闭合。线圈断电时，常开触头先复位（断开），常闭触头后复位（闭合）。接触器的图形、文字符号如图6－13所示。

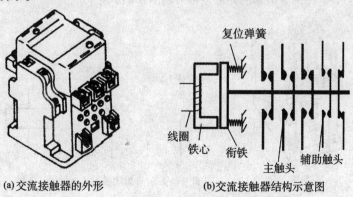

复位弹簧

线圈
铁心 衔铁
主触头 辅助触头

(a)交流接触器的外形   (b)交流接触器结构示意图

图6－12 交流接触器的外形及结构示意图

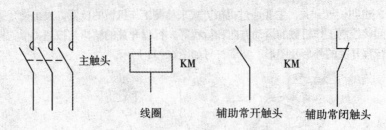

图6-13 接触器的图形、文字符号

接触器的主触头因通过的电流较大，在分断时，会产生电弧。因此需要在主触头上加装灭弧装置，一般交流接触器用陶土灭弧罩来灭弧。

接触器在使用时要注意以下四点

第一，接触器线圈的额定电压要与线圈两端所加电压相符。交流接触器线圈电压过高、过低都会造成线圈过热而损坏。

第二，主触头的额定电流应不小于电动机的额定电流。

第三，灭弧装置损坏时，接触器不能使用。

第四，几个接触器的线圈可以并联使用，但不能串联使用。

4. 继电器

继电器是根据电流、电压、温度、时间等信号的变化来接通和断开小电流电路的自动控制电器。继电器的触头通断能力较差，一般不超过 5 A，主要用在控制电路中。常见的有中间继电器、热继电器、时间继电器等。

（1）中间继电器 中间继电器与接触器的结构和工作原理都相似，不同之处在于中间继电器无主触头、辅助触头之分，允许通过的电流大小相同；其常开、常闭触头数量比接触器的辅助触头多。因此，中间继电器主要作用是将一个输入信号变成多个输出信号，用于增加触头数量。例如当控制电路中接触器的辅助触头不够用时，可以让中间继电器线圈和接触器线圈并联。这样中间继电器的触头动作状态与接触器的触头完全一样，相当于增加了接触器辅助触头的数量。中间继电器的外形及符号如图6-14所示。

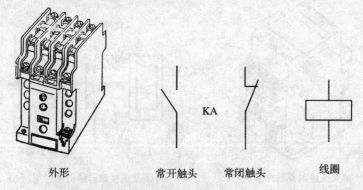

外形　　　　　常开触头　　　常闭触头　　　　线圈

图6-14 中间继电器的外形及图形、文字符号

（2）热继电器　热继电器主要用于对连续运行的电动机进行过载保护。热继电器的外形及符号如图6－15所示。热继电器的主要部件是热元件，热元件由双金属片和绕在双金属片外面的电阻丝组成。工作时将电阻丝与电动机串联，这时电阻丝通电加热双金属片，双金属片变弯曲。当电流达到一定程度，使温度上升到一定值时，双金属片产生较大弯曲，使热继电器的触头动作。通常热继电器的常闭触头与控制电动机运转的接触器线圈串联。当热继电器的触头动作时，常闭触头断开，接触器线圈断电，从而使电动机断电，起到了保护电动机的作用。当电动机断电时热元件也断电，过一段时间热元件冷却恢复常态，这时按下复位按钮热继电器的触头可手动复位。当然也可以设置成自动复位，设置好后，双金属片恢复常态时，热继电器的触头可自动复位。

从热继电器的工作原理可看出，当电路短路时电流非常大，短时间内会烧毁电路。而热继电器的热元件升温、变形一直到触头动作需要一段时间。在这段时间内线路已经损坏，因此热继电器只能用于过载保护，不能用于短路保护。

热继电器在使用时，其整定电流一般为电动机额定电流的0.95～1.05倍。另外，对于三角形连接的电动机应选带断相保护功能的热继电器。

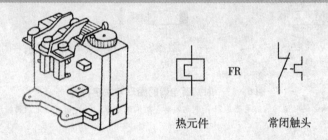

FR

热元件　　　　常闭触头

图6－15　热继电器的外形及图形、文字符号

（3）时间继电器　时间继电器是一种从得到信号算起，到设定时间才动作的电器，这个时间是可调整的。时间继电器的种类很多，主要有空气阻尼式（也叫气囊式）、电磁式、电动式、晶体管式等。比较常见的是空气阻尼式时间继电器。图6－16为空气阻尼式时间继电器的外形图。时间继电器的触头分为瞬时触头和延时触头。瞬时触头在线圈通电或断电时立刻动作，而延时触头在线圈通电或断电后，经过一段时间才动作。时间继电器按工作方式分为通电延时型和断电延时型。所谓通电延时型是指线圈通电后，经过一段时间，延时触头才动作（延时常闭触头先断开，延时常开触头后闭合）；但在线圈断电时瞬时触头和延时触头都立刻复位。断电延时型是指在线圈通电时，延时触头和瞬时触头都立刻动作（常闭触头先断开，常开触头后闭合）；而线圈断电后，经过一段时间，延时触头才复位（延时常开触头先断开，延时常闭触头后闭合）。对于JS7－A型空气阻尼式时间继电器一般可以通过把线圈翻转180°，来将通电延时型与断电延时型相互转变。

对于空气阻尼式时间继电器是通过调整进气孔的大小来调整延时时间的。常见的空气阻尼式时间继电器的延时时间为0.4～180s之间，例如JS7－4A型为0.4～60s。图6－17为时间继电器的图形与文字符号。

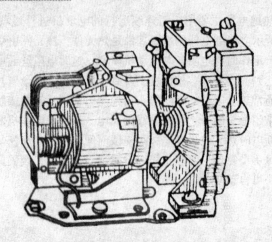

图6-16 空气阻尼式时间继电器

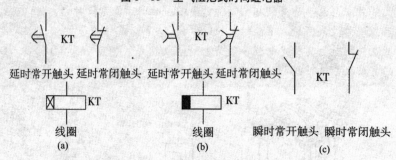

图6-17 时间断电器的图形与文字符号

（a）通电延时型时间继电器；（b）断电延时型时间继电器；（c）时间继电器瞬时触头

第二节 电气原理图绘制和三相异步电动机基本控制线路

由于生产机械的种类繁多，所要求的控制线路也是多种多样，有的简单，有的复杂。但是不管控制线路有多复杂，它都是由基本控制线路组成的。在我国的电力拖动控制系统中应用最基本、最广泛的控制线路是继电接触器控制方式。下面给大家介绍继电接触器控制系统中几种基本控制线路。

生产机械电气控制线路的表示方法有：接线图、电器布置图和电气控制线路原理图三种。

接线图是按电器元件在控制板上实际安装位置和接线情况，用国家规定的图形符号绘制的。它一般不表示电气控制线路的工作原理，主要用于安装电器设备、配线以及检修故障。

电器布置图是根据电器元件在控制板上实际安装位置绘制的。它一般不采用国家规定的图形符号来绘制，而采用简化的外形符号（如正方形、圆形等）来绘制，但文字符号要采用国家统一规定的符号标出。它是电器元件在控制板上布置与安装的依据。

电气控制线路原理图是根据电气控制线路的工作原理绘制的。它能充分表达电气设备的用途和控制线路的工作原理，是电气线路安装、调试和维修的依据。

一、绘制电气控制线路原理图的原则

在绘制电气控制线路原理图时应注意以下几个原则：

（1）根据电路中电流的大小和各部分所起的作用，电气控制线路原理图一般分为电源电路、主电路、控制电路、指示电路及照明电路。电源电路在原理图中水平画出，三相交流电源引入线采用 L1、L2、L3 标号。主电路是从电源电路到电动机的电路，是电动机电流通过的部分。画图时主电路要在原理图左侧垂直电源电路画出。控制电路用于控制主电路的工作状态，电流较小，一般由按钮的触头、接触器的辅助触头和线圈以及继电器的线圈和触头组成。控制电路要垂直电源电路画在原理图的右侧。照明电路和指示电路一般也要画在原理图的右侧。

（2）电气控制线路原理图中，各电器元件不画实际的外形图，必须采用国家统一规定的电气图形符号画出，并标注国家统一规定的文字符号。

（3）电气控制线路原理图中，同一电器元件的各部分一般不画在一起（如接触器的主触头和线圈），而是按其在电路中所起作用分画在不同电路中，但它们的动作却是相互关联的，要标以相同的文字符号。若有多个同一种类的电器元件，可在文字符号后加上数字序号以示区别，如 KM1、KM2。

（4）电气控制线路原理图中所有电器的触头都按电器未通电或未受外力作用时的原始状态画出。

（5）电气控制线路原理图中，各电器元件原则上按动作先后顺序排列。对两线交叉并连接的连接点，要用小黑圆点表示，无连接关系的交叉导线连接点则不画小黑圆点。

二、三相笼型异步电动机基本控制线路

一般不同工业机械的控制线路是不相同的，即使同一种工业机械其控制线路也可能不相同。这些控制线路有的简单有的复杂，但它们都是由一些基本控制线路有机组合成的。掌握了这些基本控制线路，可为阅读和分析复杂控制线路打下基础。下面我们以三相笼型异步电动机控制线路为例来介绍几种基本控制线路。

1. 电动机单向运转控制线路

（1）点动控制线路　电动机拖动生产机械始终向一个方向运动叫做单向运转。电动机单向运转控制线路中，由按钮和接触器组成的最简单、最基本的控制线路是单向运转点动控制线路，简称点动控制线路，如图 6-18 所示。

点动控制线路工作原理如下：

先闭合电源开关 QS。启动时，按下按钮 SB，接触器 KM 线圈中有电流通过，从而产生磁场吸引衔铁闭合，衔铁带动主触头闭合，

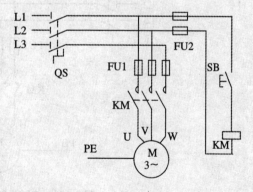

图 6-18　点动控制线路原理图

这样电动机 M 通电运行；停止时，松开按钮 SB，接触器 KM 线圈回路断开，磁场消失，衔铁在复位弹簧的作用下带动主触头断开，电动机断电靠惯性运行，最终停下来。

上面的叙述方法太啰嗦了，一般采用一种简单的方法来叙述，如图 6-19 所示，先闭合 QS。

启动: 按下SB ——→ KM线圈得电 ——→ KM主触头闭合 ——→ M得电运转

停止: 按下SB ——→ KM线圈失电 ——→ KM主触头断开(复位) ——→ M失电运转

图6-19

最后不再使用时，要断开 QS。

这种叙述方法是用简单的语言文字和电器文字符号以及箭头来表达工作原理的，箭头方向表示信号传递的方向。得电指电器受电部分形成回路（如线圈形成回路）；失电是指电器通电回路断开（如线圈不通电），但并不表示线圈上不带电。如图6-18所示，当按钮 SB 松开后，虽然接触器 KM 线圈回路断开，但是 KM 线圈由于一端和相线相连，在 QS 断开前线圈上仍然带电。

由上面的分析可知，点动控制指的是：按下按钮电动机就得电运转；松开按钮电动机就失电停转的控制方式。这种控制方式常用于生产机械调整状态，如机械的快速移动等。

（2）（接触器）自锁控制线路 大多数时候生产机械要连续运转，这时如采用点动控制线路，操作人员必须一直按着启动按钮，显然时间长了是不行的。如果用图6-20所示控制线路就可以按下启动按钮后把手松开，电动机得电连续运转。其工作原理如下：先闭合 QS。

启动: 按下SB1 ——→ KM线圈得电 ——→ KM主触头闭合 ——→ M得电连续运转
                                    ——→ KM辅助常开触头闭合 ——

停止: 按下SB2 ——→ KM线圈失电 ——→ KM主触头断开 ——→ M失电停转
                                    ——→ KM辅助常开触头复位 ——

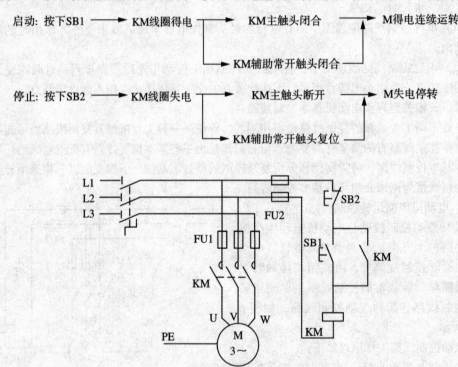

图6-20 接触器自锁控制线路原理图

这种依靠接触器自身辅助常开触头使其线圈保持通电的作用叫做接触器"自锁"，起自锁作用的触头叫自锁触头。当然在控制线路中，其他电器如中间继电器、时间继电器等也可通过其自身常开触头使其线圈保持得电，从而形成自锁。

当电动机连续运转时，可能会发生过载。过载是指电动机的负载超过额定负载，这时电动机的电流会超过额定电流，绕组发热严重，长时间过载会损坏电动机，这时需要对电动机进行过载保护。一般采用热继电器对电动机进行过载保护。具有过载保护功能的接触器自锁控制线路如图6-21所示。其正常工作时工作原理和图6-20一样。当长时间过载时，过载保护的工作原理是：电动机过载时工作电流增大，由于该电流流过热继电器的热元件，热元件发热严重，导致热继电器的触头动作，常闭触头FR断开，使KM线圈失电，KM主触头复位，从而使电动机M断电，起到保护电动机M的作用。需要说明的是对于点动控制的电动机因为工作时间短，一般不用加过载保护。

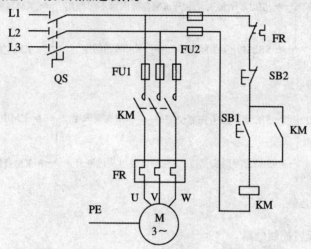

图6-21　具有过载保护功能的接触器自锁控制线路原理图

接触器自锁控制线路本身具有失压保护功能。失压保护是指电动机在发生突然停电时，能自动与电源分断；而恢复供电时，电动机不能自行启动的功能。接触器自锁控制线路在停电时，主触头与自锁触头会一起自动分断，这时控制电路与主电路都断开。如果恢复供电，不按下启动按钮，电动机就不会自行启动。所以说接触器自锁控制线路具有失压保护功能。

（3）点动与连续混合控制线路　在工业生产中，同一台电动机有时需要连续运转，有时需要点动控制，这就要采用点动与连续混合控制线路来控制电动机。由按钮和接触器实现的点动与连续混合控制线路如图6-22所示。其工作原理如下：先闭合QS。

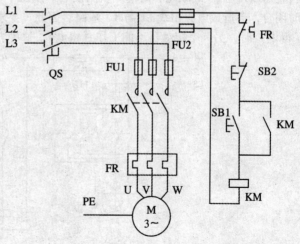

图6-22　点动与连续混合控制线路原理图

连续控制：

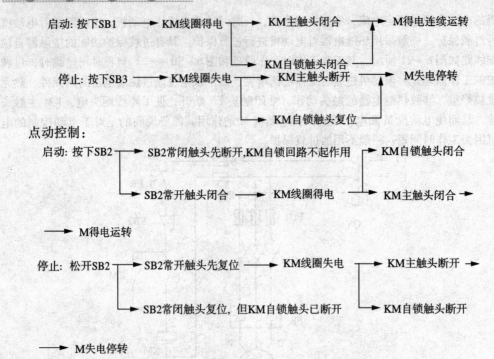

启动: 按下SB1 —→ KM线圈得电 —→ KM主触头闭合 —→ M得电连续运转
                                —→ KM自锁触头闭合

停止: 按下SB3 —→ KM线圈失电 —→ KM主触头断开 —→ M失电停转
                                —→ KM自锁触头复位

点动控制:

启动: 按下SB2 —→ SB2常闭触头先断开,KM自锁回路不起作用 —→ KM自锁触头闭合
           —→ SB2常开触头闭合 —→ KM线圈得电 —→ KM主触头闭合 —→

—→ M得电运转

停止: 松开SB2 —→ SB2常开触头先复位 —→ KM线圈失电 —→ KM主触头断开 —→
           —→ SB2常闭触头复位, 但KM自锁触头已断开 —→ KM自锁触头断开

—→ M失电停转

2. 电动机正反转控制电路

我们知道三相笼型异步电动机要改变转向, 只要改变电动机定子绕组的三相电源相序就可实现。图6-23的主电路就是用两个接触器KM1和KM2来改变电动机定子绕组相序, 从而实现电动机正反转控制的。图中接触器KM1闭合时, 连接关系为L1—U、L2—V、L3—W, 接触器KM2闭合时, 连接关系为L1—W、L2—V、L3—U。假定接触器KM1闭合时电动机为正转, 那么接触器KM2闭合时电动机为反转。从图中可以看到接触器KM1和KM2如果同时闭合, 会造成电源相线L1与L3短路。因此, 要求这两个接触器, 当一个接触器工作 (得电) 时, 另一个接触器不能工作 (得电)。这种方法叫做 "连锁" 或 "互锁"。

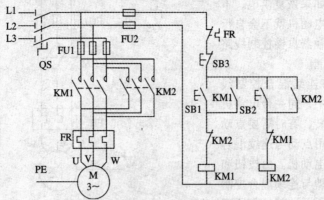

图6-23　接触器连锁正反转控制线路原理图

(1) 接触器连锁正反转控制线路　在电动机正反转的控制线路中, 使用最多的是接触

器连锁正反转控制线路，如图 6 – 23 所示。其工作原理如下：先闭合 QS。正转控制：

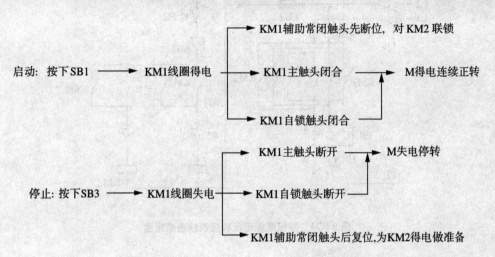

由正转变为反转时，需先按下停止按钮 SB3（按下 SB3 的原理和上面的分析一样），再按下反转按钮 SB2，原理如下：

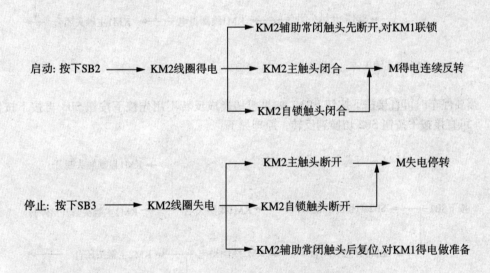

反转变为正转时，也需先按下停止按钮 SB3，再按下正转按钮 SB1 。

从工作原理可知，两个接触器的线圈互串对方的辅助常闭触头，从而形成了接触器连锁关系，这样两个接触器相互制约，保证不会同时得电。起连锁作用的触头叫做连锁触头。

（2）按钮连锁正反转控制线路　在接触器连锁正反转控制线路中，如果要改变电动机的转向，必须先按下停止按钮，再按下反向启动按钮才能使电动机反转，操作很不方便。图6 – 24 所示的按钮连锁正反转控制线路可以在正转时直接按下反转按钮，很方便地切换到反转；反转时直接按下正转按钮切换到正转。工作原理如下：假定先正转运行，闭合 QS。

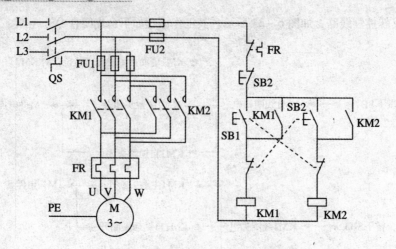

图 6-24　按钮连锁正反转控制线路原理图

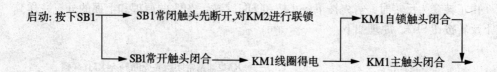

启动：按下SB1 → SB1常闭触头先断开,对KM2进行联锁 → KM1自锁触头闭合

SB1常开触头闭合 → KM1线圈得电 → KM1主触头闭合

→ M得电连续正转

需要停车时可直接按下按钮 SB3。如果想切换成反转不用先按下按钮 SB3 再按下按钮 SB2，可直接按下按钮 SB2 切换到反转，原理如下：

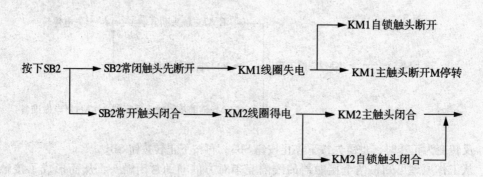

按下SB2 → SB2常闭触头先断开 → KM1线圈失电 → KM1自锁触头断开

→ KM1主触头断开M停转

SB2常开触头闭合 → KM2线圈得电 → KM2主触头闭合

→ KM2自锁触头闭合

→ M得电连续反转

需要停车时可直接按下按钮 SB3。如果想从反转切换到正转可直接按下按钮 SB1，原理如下：

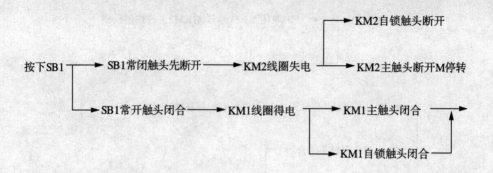

———→ M得电连续正转

　　从工作原理可知,两个接触器的线圈互串对方启动按钮复合常闭触头形成了按钮连锁关系。需要注意的是,按钮连锁控制线路在正反转相互切换时,例如正转变反转,反转按钮SB2 必须按下去,直到复合常开触头闭合,否则只是停止了正转,而不会反转。

　　(3) 双重连锁正反转控制线路　按钮连锁正反转控制线路虽然操作方便,但工作不安全。例如当接触器 KM1 由于某种原因(触头熔焊或被东西卡住)主触头不能分断时,按下 SB2 接触器 KM2 会得电,从而使接触器 KM2 与接触器 KM1 的主触头同时闭合,造成电源短路。而接触器连锁正反转控制线路不会出现这种情况,因此接触器连锁正反转控制线路工作安全但操作不方便;按钮连锁正反转控制线路操作方便但工作不安全。将两种控制线路合成一个控制线路,就组成了既工作安全可靠又操作方便的按钮与接触器双重连锁正反转控制线路,如图6-25所示。

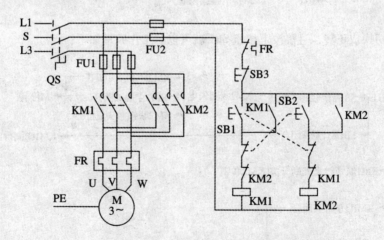

图6-25　按钮、接触器双重连锁正反转控制线路原理图

　　其工作原理如下:假定先正转运行,闭合 QS。

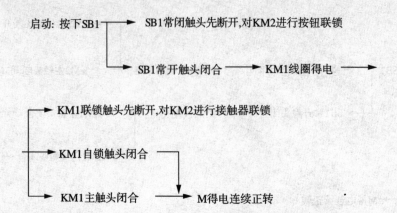

如果想切换成反转，可直接按下 SB2 切换到反转，工作原理如下：

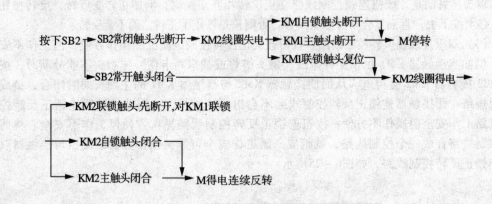

如果想切换成正转，直接按下按钮 SB1 就可以。工作原理如下：

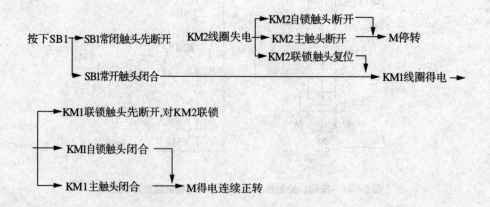

需要停车时可直接按下按钮 SB3，不管是正转还是反转电动机 M 都会停转。

从工作原理可知，起连锁作用的是两个接触器的辅助常闭触头和两个启动按钮的复合常闭触头。

3. 限位保护控制线路与多地控制线路

（1）限位保护控制线路 在生产中有些生产机械要求运动部件到达某一位置时必须停下来或改变运动方向，否则会发生生产事故或人身伤害。例如摇臂钻床在摇臂上升或下降到一定位置时，必须停下来（限位），否则会损坏机床上的设备。这种起保护功能的电路叫限位保护控制线路，也叫限位控制线路或位置控制线路，常见的限位保护控制线路由行程开关来实现。如图 6-26 所示为某机床工作台升降的控制线路，按下 SB1 电动机正转，工作台上升；按下 SB2 电动机反转，工作台下降。在工作台能上升到的最高位置处安装有行程开关 SQ1，在工作台能下降到的最低位置处安装有行程开关 SQ2，如图 6-27 所示。正常工作时工作台上升（或下降）到一定位置，操作人员按下停止按钮 SB3，工作台就会停下来。这时图 6-26 的工作原理和接触器连锁正反转的工作原理一样。如果上升时操作人员由于某种原因忘记按下停止按钮，当工作台上升到最高位置时，挡铁碰撞行程开关 SQ1，SQ1 常闭触头断开，接触器 KM1 失电，电动机停转，从而使升降台停下来；当工作台下降最低处时，SQ2 常闭触头断开，也会使工作台停下来。这样就起到了保护作用。

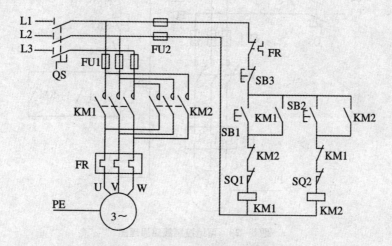

图 6-26 限位保护控制线路原理图

（2）多地控制线路 在大型生产设备中，为了操作方便、提高生产效率，有时需要在不同的地方均可以启动或停止同一台电动机，这就要求控制线路具有多地控制功能。多地控制线路也叫异地控制线路。图 6-28 所示为两地控制线路。图中把一个启动按钮和一个停止按钮组成一组（如 SB1、SB3 一组，SB2、SB4 一组），把两组启动、停止按钮分别放置在两个地方，这样就可实现两地控制。其工作原理如下：先闭合 QS。

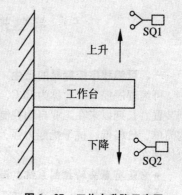

图 6-27 工作台升降示意图

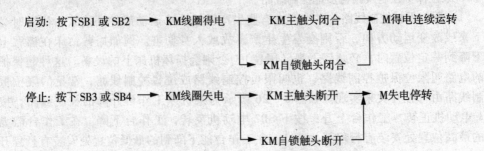

从图 6-28 中不难发现，要组成多地启动控制线路，只要将各个启动按钮的常开触头并联即可；要组成多地停止控制线路，只要将各个停止按钮的常闭触头串联即可，而主电路一般不用进行变动。

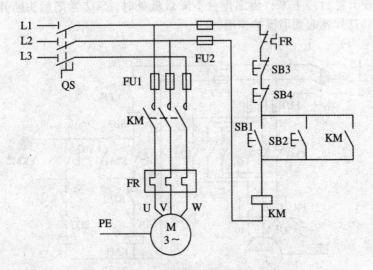

图 6-28　两地控制线路原理图

第三节　可编程序控制器简介

一、可编程序控制器的产生

可编程序控制器简称为 PLC，它是在继电接触器控制和计算机控制基础上开发的自动控制装置。长期以来在工业自动控制装置中，广泛使用的是继电接触器控制系统，其特点为结构简单、价格低、抗干扰能力强，能在一定范围实现自动化生产。但是它有明显的缺点，主要体现在：

●它是有触头的控制系统，触头多、组合复杂、可靠性差；

●它的灵活性差，不能用于工艺经常改变的场合，一旦要改进动作过程，就需要重新设计、布线和装配；

●控制功能简单，仅局限于逻辑控制、定时、计数等简单控制。因此它制约了工业的发展。

1968年，美国通用汽车公司（GM）首先公开招标，提出了研制PLC的设计指标。一年后，由美国数字设备公司研制成功世界上第一台可编程序控制器，并成功地应用在GM公司的汽车自动生产线上。限于当时的科学水平，那时的PLC主要由分立元件和中小规模集成电路构成。其后，日本、德国等国家相继研制出自己的PLC产品，并使其应用领域迅速扩大。随着后来微电子与计算机技术的发展，人们把微机技术应用到PLC中，使得PLC在处理速度和控制功能上有了很大提高，它不仅可以进行逻辑控制，还具有了运算、数据处理和联网通信等功能。PLC正朝着电气控制、仪表控制、计算机控制一体化和网络化的方向发展。

二、PLC的特点

1. 可靠性高、抗干扰能力强

PLC是专门为工业控制而设计的，针对工业生产现场环境恶劣、电磁干扰严重、连续工作时间长的特点，PLC采用了屏蔽、滤波、隔离、无触点等多种有效的措施，因此可靠性很高，平均故障间隔在2~5万小时。此外，PLC还具有自诊断功能，可以迅速方便地检查判断出故障，便于维修。

2. 编程简单

几乎所有的PLC都采用了易学易懂的梯形图语言，它是以继电接触器控制线路图为基础的编程语言，形象、直观。具有一定文化水平和电气知识的人，只要经过短期培训就可学会。

3. 通用性好

PLC是通过软件来实现控制的。同一台PLC可用于不同的控制对象，只要改变程序，再稍改几根外部接线（有时甚至不用改动）就可实现。这充分体现了它的灵活性和通用性。

4. 功能强大

现在的PLC能进行逻辑、定时、计数和步进等控制，能完成算术运算、A/D、D/A转换，以及数据处理和通信联网等功能。

5. 体积小、功耗低

由于PLC采用半导体集成电路，因而体积小、质量轻、功耗低，而且PLC专为工业控制设计，其结构紧凑、坚固，易于装入机械设备内部，是实现机电一体化的理想控制设备。

6. 设计、施工周期短

由于PLC在许多方面采用软件编程代替了硬件接线和一些外部电器如中间继电器、时间继电器、计数器等，因而用PLC构成的控制系统结构比较简单，从而大大减小了控制板设计、安装、接线的工作量。在系统设计完成后，硬件设计、安装和软件设计、调试可同时进行。因而大大缩短了PLC控制系统的设计、施工和投产的周期。

三、PLC的结构

不同类型的PLC其结构有所不同，但基本都是由中央处理器、存储器、输入/输出（I/O）接口、编程器和电源组成的。

1. CPU

CPU是中央处理器的英文缩写，它是PLC的核心，相当于人的大脑，整个PLC的工作过程都是由它控制的。目前PLC的CPU多为单片机，采用16位或32位的处理器。小型的PLC为单CPU系统，中型、大型PLC则采用2个以上的多CPU系统。

2. 存储器

主要用于存放程序和数据。可分为系统程序存储器和用户程序存储器。

（1）系统程序存储器　系统程序存储器有只读存储器 ROM 或可擦除只读存储器 EPROM 组成，用以固化系统程序。系统程序由厂家固定，用户不能更改。

（2）用户程序存储器　用户程序存储器用来存放用户程序和存放输入/输出状态、计数器/定时器的值以及中间结果等。用户程序存储器多为随机存储器（RAM）。为保证掉电后不会丢失信息，一般用锂电池作为备用电源。

3. 输入、输出接口电路

这是 PLC 与输入信号设备和被控制设备相连接的部件，它的作用是将输入信号（由开关、按钮、传感器等设备发出）转换成 CPU 能接收和处理的信号，并将 CPU 处理后的信号转换成被控制外部设备（如接触器、指示灯、电磁阀等）所需的信号，以控制被控设备。

输入接口电路一般采用光耦合的形式将信号送入内部电路，这样可提高 PLC 的抗干扰能力。

输出接口电路一般分为继电器输出型、晶体管输出型和晶闸管输出型。其中继电器输出型为有触点的输出方式，可用于直流或低频交流负载。晶体管输出与晶闸管输出均为无触点输出方式，前者适用于高速、小功率直流负载，后者适用于高速、大功率交流负载。

4. 电源

PLC 一般采用高质量的开关式稳压电源作为内部电路供电。有的 PLC 还有供输入端（外部开关或传感器）使用的直流 24V 稳压电源。PLC 内部还装有为掉电保护电路供电的后备电源，一般为锂电池。

5. 编程器

编程器用于用户程序的输入、检查、调试、修改，以及用来监视 PLC 的工作状态。编程器一般有手持编程器、专用编程器和计算机辅助编程三种。

四、PLC 的分类

PLC 的分类方法很多，常用的有两种分类方法。

1. 按 I/O 点数和存储容量分类

I/O 点数即输入输出端子的个数。

（1）小型机　I/O 点数一般在 256 点以下，用户程序存储器容量在 4K 以下的为小型机。

（2）中型机　I/O 点数在 256~1024 点之间，用户程序存储器容量在 4~16K 的为中型机。

（3）大型机　I/O 点数在 1 024 以上，用户程序存储器容量达 16K 以上的为大型机。

2. 按结构形式分类

（1）整体式（箱式）结构　整体式 PLC 是将 PLC 的电源、CPU 存储器、I/O 接口等封装在一个机壳内。其特点是结构紧凑、体积小、质量轻、价格低，小型 PLC 一般采用这种结构形式。

（2）模块式（积木式）结构　模块式 PLC 是把各部分以模块形式分开，如电源模块、CPU 模块、输入模块、输出模块等。使用时可根据需要把这些模块插到机架底板上，并根据需要配置不同的模块。这种结构具有组装灵活、便于扩展、维修方便等优点。一般中型、大型 PLC 采用这种结构。

五、PLC 基本工作原理

PLC 的工作方式为循环扫描方式。PLC 的工作过程一般分 3 个阶段：输入采样（输入扫描）阶段、程序执行（执行扫描）阶段和输出刷新（输出扫描）阶段。PLC 重复执行上述 3 个阶段，周而复始。每重复一次的时间称为一个扫描周期，一般扫描时间的长短主要取决于程序的长短，通常扫描周期为几十毫秒。

六、继电接触器控制线路图转换成 PLC 梯形图

PLC 的生产厂家很多,目前世界上大约有 200 多家厂商生产着 400 多种 PLC 产品。我国也有自己的产品,而且近年来发展十分迅速。在国内常见的有三菱、欧姆龙、松下、东芝、西门子等公司生产的 PLC 产品。虽然 PLC 的种类很多,编程语言也是多种多样,但编程指令大同小异,只要掌握了 PLC 编程指令形式,就可以将一种机型的程序很方便地移植到另一种机型上去。PLC 的编程语言中最常用的是梯形图和助记符,梯形图与助记符之间具有一一对应关系。现在梯形图已成为 PLC 的第一编程语言。我们以日本三菱公司生产的 FX 系列 PLC 为例给大家介绍梯形图的有关知识。

利用继电接触器控制线路图设计 PLC 的梯形图,是经常使用的方法。下面以接触器自锁控制线路为例,来说明继电接触器控制线路是如何用 PLC 的梯形图来表示的。图 6 – 29 为接触器自锁控制线路及其对应的 PLC 梯形图。

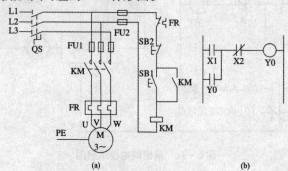

图 6 – 29 接触器自锁控制线路及其对应的梯形图
(a) 接触器自锁控制线路;(b) 梯形图

1. 输入继电器和输出继电器

图 6 – 29 (b) 中,X1、X2 为输入继电器的触点,Y0 为输出继电器的触点和线圈。下面先介绍 PLC 内部两个最重要的内部继电器:输入继电器和输出继电器。

输入继电器用 X 表示,它可以通过输入接口直接和外部设备相连,用来接收外部的控制信号,并且只能由外部信号驱动,不能由内部继电器触点对其控制。在梯形图中只能出现输入继电器的触点,不能出现输入继电器的线圈。输入继电器与输入端一一对应,有多少输入端就有多少输入继电器。输入继电器电路示意图如图 6 – 30 所示。不同类型的 PLC 的输入继电器的数量是不一样的,例如 FX2 – 16M 型输入继电器为 8 个,编号为 X0 ~ X7;FX2 – 24M 型输入继电器为 12 个,编号为 X0 ~ X13。注意

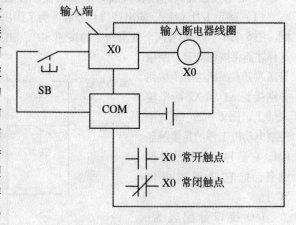

图 6 – 30 输入继电器示意图

编号为八进制即逢八进一。输入继电器的触点分为常开触点和常闭触点,如图 6 – 30 所示。输入继电器的触点在梯形图中可以无数次重复使用,这和继电接触器控制线路中的触头有数

量限制是不一样的。

输出继电器用 Y 表示，它通过输出接口可以向外部传送信号，是 PLC 内唯一可以驱动外部负载的内部继电器。输出继电器与输出端一一对应，输出继电器的编号也是八进制。输出继电器的线圈只能接收内部继电器触点的信号，不能由外部信号驱动。输出继电器的触点分为外部触点和内部触点。外部触点只有一个且为常开触点，输出继电器就是靠它通过输出接口去控制外部负载的。输出继电器的内部触点也分为常开触点和常闭触点，内部触点在梯形图中可以无数次重复使用。在梯形图中可以出现输出继电器的线圈，也可以出现输出继电器的内部触点。输出继电器电路示意图如图 6-31 所示。

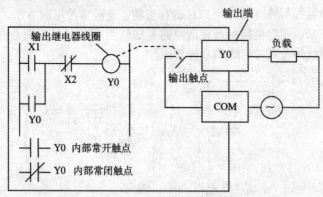

图 6-31　输出继电器示意图

2. 左母线和右母线

梯形图中最左边的垂直线是左母线，最右边的垂直线是右母线。梯形图按自上而下，从左到右的顺序排列，每一行起始于左母线终止于右母线。左母线只能接各类内部继电器的触点，不能直接接继电器的线圈。右母线只能接内部继电器的线圈（输入继电器的线圈除外），不能直接接内部继电器的触点。

3. 继电接触器线路图转换成 PLC 梯形图的步骤

（1）确定 I/O（输入/输出接口）点数　为了画出梯形图，首先要确定 I/O 点数，并进行分配。图 6-29（a）中有两个发出命令的按钮 SB1、SB2，它们应分别接到 PLC 的对应输入端上，这样才能将按钮的通、断信号送入 PLC。把这两个按钮分别接到 X1 和 X2 两个输入端上。图 6-29（a）中控制电动机工作的是接触器 KM，它是 PLC 控制的外部设备，把它接到输出端 Y0 上。

I/O 接口分配表为：

输入 SB1—X1、SB2—X2；

输出 KM—Y0。

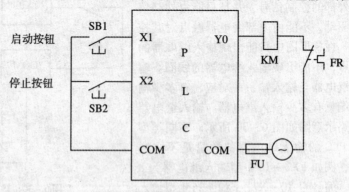

图 6-32　PLC 外部接线图

画出 PLC 接线图如图 6-32 所示。图中热继电器的保护功能是在硬件上实现的，而没有通过梯形图的程序实现。这样可以省下宝贵的输入接口用于其他控制功能。PLC 面板上的

"COM"端为公共端。

（2）**根据继电接触器控制线路图画出梯形图** 从图 6 – 32 可知 PLC 内部信号是这样的：按钮 SB1 常开触头闭合，将信号传递给输入继电器 X1，X1 常开触点闭合；按钮 SB1 常开触头断开，X1 常开触点断开。可见 SB1 与 X1 对应，同理 SB2 与 X2 对应。输出继电器 Y0 线圈得电时，Y0 的常闭触点断开、常开触点闭合，这时 KM 线圈得电，KM 的常闭触头断开、常开触头闭合，可见 Y0 与 KM 对应。

将继电接触器控制线路图中电器的触头和线圈分别用与之对应的 PLC 内部继电器的触点和线圈代替，并水平画出就得到梯形图。因为热继电器的保护功能是在硬件上实现，所以在梯形图中去掉了热继电器的触头。

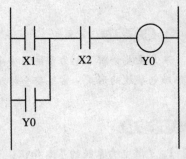

需要注意的是停止按钮 SB2，使用的是常开触头，如图 6 – 32 所示。这样做是为了使梯形图与继电接触器线路图从形式上一致。如果 SB2 使用常闭触头，则梯形图只能画成图 6 – 33 所示的形式，才能在按下 SB2 时完成停止功能，这样大家在看梯形图时很不习惯。

如果大家认为会将继电接触器控制线路图转换成 PLC 梯形图就是学会了 PLC 那就错了，这只是一个初步学习。现在的 PLC 的控制功能已经远远超过了继电接触器控制，它还有自己的设计方法，这需要大家以后去认真地学习研究。

图 6 – 33 SB2 为常闭按钮时的梯形图

每章一练

1. 组合开关使用时应注意哪些问题？

2. 低压负荷开关分为哪几类？它们使用时应分别注意哪些问题？

3. 熔断器在电路中起什么作用？使用时应注意哪些问题？

4. 按钮按不受外力作用时触头的分合状态可分为哪几类？

5. 接触器按主触头通过的电流种类可分为哪几类？接触器在使用时要注意哪些问题？

6. 简述接触器的工作原理。

7. 为什么说热继电器只能用作过载保护，不能用于短路保护？

8. 时间继电器分为哪几类？

9. 绘制电气控制线路原理图时应注意哪几个原则？

10. 什么是接线图？其作用是什么？

11. 什么是电器布置图？其作用是什么？

12. 什么是电气控制线路原理图？其作用是什么？

13. 什么叫点动控制？什么叫自锁？

14. 什么叫失压保护？为什么说接触器自锁控制线路具有失压保护功能？

15. 请画出三相笼型异步电动机既能点动又能连续工作的控制线路，并叙述其工作原理。

16. 什么叫连锁？在电动机正反转控制线路中为什么必须要有连锁控制？

17. 请画出三相笼型异步电动机双重连锁正反转控制线路，并叙述其工作原理。

18. 多地控制线路是如何实现的？

第七章 电力系统与安全用电

 **本章概述**

本章主要讲解了电力系统与安全用电方法的相关知识，具体涉及到触电者的现场表现，人体触电事故的形式，常见安全措施和急救办法等，最后还提及节约用电知识。

 教学目标

1. 了解电力系统的基本知识；
2. 理解触电危害及触电形式；
3. 掌握常见的安全措施和基本的现场急救知识；
4. 了解节约用电的概念。

* * * * * * * * * * *

第一节 电力系统简介

随着电气化的不断深入，电能已经成为现代生产和生活的重要能源。电能可以很方便由其他形式的能（比如水能、热能、化学能、原子能等）转换而来，成为廉价的动力来源，同时电能也能容易的转换成我们所需要的其他形式的能量。而且电能输送简单，可以远距离控制、调节和测量，是现代化建设的基础能源。

为了充分利用动力资源，减少燃料运输，降低发电成本，大型发电站必须建在资源丰富的地方，即在有水力资源的地方建造水电站，而在煤等燃料资源丰富的地方建造坑口火力发电厂等。但这些有动力资源的地方，一般离用电中心较远，所以必须用输电线路进行远距离输电。

电能在传输过程中，由于输电线路存在电阻，这使得一部分电能转换为无用的热能。在电阻一定的前提下，输电线路上的损耗与电流的平方成正比，所以必须提高输电电压、减小输电电流，来降低输电线路上的损耗。输电电压的高低由输电功率和输电距离决定，通常输电功率越大、输电距离越远，输电电压也就越高。目前我国高压输电电压有 110 kV、220 kV、330 kV、500 kV、750 kV 等。

对于发电机来说，由于其本身结构的限制，不能直接发出如此高的电压，因此在远距离传输前，需要进行升压，即由升压变压器组将发电机产生的电压提高到传输所需要的电压值，然后进行传输。

利用高压输电把电能输送到用电区域后，为了保证用电安全，同时满足用电设备的额定电压等级要求，就需要把高压根据用电者的要求逐级降低。比如，工厂输电线路一般为10 kV至35 kV；而一般的居民照明电路则是220V。

由各级电压的电力线路将发电厂、变电所和电力用户联系起来，组成一个发电、输电、变电、配电和用电的整体，称为电力系统。如图7－1所示。

图7－1　电力系统示意图

电力系统中各级电压的电力线路及其联系的变电所，称为电力网或电网。但习惯上，电网或系统往往按电压等级来区分，如说10kV电网或10kV系统，这里所指的电网或系统，实际上是指某一电压的相互联系的整个电力线路。电网可按电压高低和供电范围大小分为区域电网和地方电网。区域电网的供电范围大，电压一般在220 kV及以上；地方电网的供电范围较小，最高电压一般不超过110 kV，工厂供电系统属于地方电网。

现在世界各国建立的电力系统越来越大，甚至建立跨国的联合电力系统。我国电力系统的总体规划是，到2010年三峡水电站将全面向华东、华中、重庆和四川等地送电，在全国形成北、中、南三个跨大区的互联电网。到2010年，我国在做到水电、火电、核电、新能源四者结构合理的基础上，形成全国联合电网，实现电力资源在全国范围内的合理配置和可持续发展。

三种发电形式

发电厂按使用能源不同，主要分为火力发电、水力发电和原子能发电三种。

火力发电是利用煤和石油为燃料，用锅炉加热循环的水，使之成为高温高压的蒸汽，再用蒸汽推动汽轮机，以汽轮机为原动机，带动三相发电机发电。

水力发电是利用水流的位能来推动水轮机，以水轮机为原动机带动发电机发电。水力发电不需要燃料，发电成本比火力发电低，没有环境污染问题。

原子能发电是利用原子核裂变时释放出的巨大能量来加热原子锅炉中的水，以原子反应堆代替燃煤的锅炉，用汽轮机带动发电机发电。

第二节　安全用电基础知识

在当代社会生产和生活中，随着电气化程度的不断提高，人们接触电气设备的机会日益增加。电能的应用给我们带来了高效率和极大的方便。但是使用不当，也会带来人身触电、设备损坏、大面积停电、电火灾等一系列严重后果。因此，普及电气安全知识、增强安全用电观念、保证用电安全是异常重要的。

一、触电的概念

人体组织中有60%以上是由含有导电物质的水分组成，因此人体是良导体。当人体接触设备的带电部分并形成电流通路时，就会有电流流过人体，从而触电。触电后果严重与否不是取决于所触电压的高低，而是取决于通过人体电流的大小。当通过人体的电流较小时，仅产生麻感，对机体影响不大；当通过人体的电流增大，但小于摆脱电流时，虽可能受到强烈打击，但尚能自己摆脱电源，伤害可能不严重；当通过人体的电流进一步增大，至接近或达到致命电流时，触电人会出现神经麻痹、呼吸中断、心脏跳动停止等征象，外表上呈现昏迷不醒的状态。由于心脏是人体的薄弱环节，通过心脏的电流越大，危害性亦越大，所以电流沿左手到前胸或双手触电危害性最大。

电流对人体的伤害，根据其性质可分为电击和电伤两种。

电击是指电流通过人体时使内部器官受到损害。触电时肌肉发生收缩，如果触电者不能迅速摆脱带电部分，电流将持续通过人体，最后由于神经系统受到损害，使心脏和呼吸器官停止工作而趋死亡。所以电击的危险性最大，而且也是经常遇到的一种伤害。

电伤是指由于电弧或保险丝熔断时飞溅的金属沫等对人体的外部伤害，如烧伤、金属沫溅伤等。电伤的危险虽不像电击那样严重，但也不容忽视。

二、触电者的现场表现

轻伤：触电部位起水泡、组织破坏、皮肤烧焦等，能发现两处伤口。

重伤：抽搐、休克、心律不齐、有内脏破裂。触电当时也可出现呼吸、心跳停止。

三、人体触电事故的形式

人体触电事故的形式有单相触电、两相触电和跨步电压触电三种。其中，以单相触电最为常见。

1. 单相触电

指在中性点接地的电网中，人体若触及电网某一相的带电体，电流便会经过人体到大地，再经过大地流回中性线，这样就会发生单相触电事故。如图 7-2 所示。若用电器的绝缘损坏或绝缘性能不达标时，其外壳就会带电，当人体与带电外壳接触时，就相当于单相触电。

2. 两相触电

指人体的两个部位同时触及电网不同的两相带电导体，如图 7-3 所示，这时人体承受的是线电压，同时电流较之单相触电更易通过人体要害，因此危险性比单相触电更大。

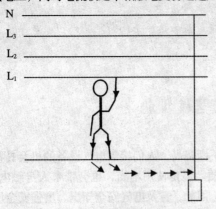

图 7-2　单相触电示意图

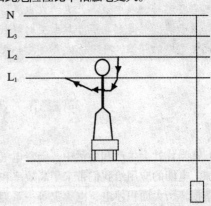

图 7-3　双相触电示意图

3. 产生跨步电压的原因

有雷击或高压输电线路发生断线故障后导线接地短路，使接地点周围的地面形成电位分布不均的强电场。当人体位于接地点附近时，由于双脚站在不同的电位上而承受跨步电压，也就是两脚间的电位差。如图 7-4 所示，这时电流就会流过人的身体，从而发生触电事故。离接地点越近，相同的步幅承受的跨步电压就越大，也就越危险。

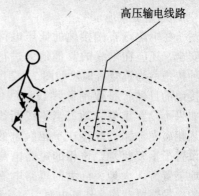

高压输电线路

当我们受到跨步电压威胁时，不要惊慌，不能跌倒，应立即双脚并拢或采用单腿跳的方式远离危险区域。同时要设立警告标志，以防他人触电。并立即通知电力部门进行抢修。

图 7-4 跨步电压触电示意图

四、安全电压的规定

一般来讲，大于 10 mA 的交流电流，或大于 50 mA 的直流电流流过人体时，就有可能危及生命。为了使电流不超过上述的数值，我国规定安全电压为 36V、24V 及 12V 三种。安全电压的选择根据工作场所的条件的不同而有所变化，在低温干燥的厂房内，安全电压可规定为 36 V；而在非常潮湿及地面可导电的厂房，安全电压则规定为 12V。

五、常见的安全措施

触电可发生在有电线、电器、电设备的任何场所。其中以单相触电事故最为常见，为了防止这种触电事故，电气设备常采用保护接地、保护接零与重复接地等措施。

1. 保护接地

为了保障人身安全防止间接触电事故，将电气设备外露可导电部分如金属外壳、金属构架等，通过接地装置与大地可靠地连接起来，称为保护接地，如图 7-5 所示。对电气设备采取保护接地措施后，如果这些设备因受潮或绝缘损坏而使金属外壳带电，那么电流会通过接地装置流

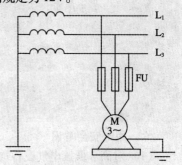

图 7-5 保护接地示意图

入大地，只要控制好接地电阻的大小，金属外壳的对地电压就会限制在安全数值以内，从而保证了人身安全。

2. 保护接零

在三相四线制供电系统中，若有电设备外壳未与零线连接，当设备的一相因绝缘损坏而与外壳相碰接时，人体一旦接触外壳，那么加在人体上的电压近似为相电压，就会造成单相触电事故。因此，在中性点直接接地的三相四线制供电系统中，应将用电设备的金属外壳、金属构架等与零线连接，这就是保护接零。如图 7-6 所示。保护接零必须与其他保护装置（如触电保护器、熔断器等）配合使用，才能保证安全，当电气设备采取接零保护后，一旦某相碰壳，该相的短路电流将使电路中的

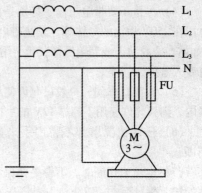

图 7-6 保护接零示意图

保护装置动作，断开电源，消除触电的危险。

3. 重复接地

在中性点直接接地的低压电网中，为了确保安全，还应在零线的其他地方进行多点接地，这种接地称为重复接地。如图7-7所示。进行重复接地的目的，是要消除零线断线时的触电危险。如果不设置重复接地，当零线断线时，若发生了某相碰壳，那么就存在单相触电的危险；此时若设置了重复接地，该相的短路电流可通过重复接地装置流入大地，巨大的短路电流还可使电路中的保护装置动作，切断电源，消除触电的危险。

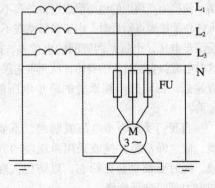

图7-7　重复接地示意图

接地和接零的注意事项

● 在中性点直接接地的低压电网中，用电设备宜采用接零保护；在中性点非直接接地的低压电网中，用电设备应采用接地保护。

● 在同一电力网中，不允许一部分电气设备采用接地保护，另一部分电气设备采用接零保护，以免接地设备一相碰壳短路时，可能由于接地电阻较大，而使保护电器不动作，造成中线电位升高，使所有接零的设备外壳都带电，反而增加了触电的危险。

● 由低压公用电网供电的电气设置，只能采用保护接地，不能采用保护接零，以免接零的电气设备一相碰壳短路时，造成电网的严重不平衡。

● 用于接零保护的零线上不得设开关或熔断器，单相开关应装在相线上。

六、用电安全常识

（1）对高、低压电气设备均应制订安全操作规程，并严格遵守。经常定期地对各种电气设备进行检查，发现问题及时处理。如有条件，还应采用性能可靠的漏电保护器。

（2）不得将三脚插头擅自改变为二脚插头，也不得直接将线头插入插座内用电。

（3）在低压设备中，应采用措施防止偶然触及带电部分，如闸刀开关的闸刀等均应有适当的保护装置。

（4）尽量不要带电工作。特别是在危险的场所（如工作地很狭窄，工作地周围有对地电压在250V以上的导体等）禁止带电工作。如果必须带电工作时，应采取必要的安全措施（如站在橡胶毡上或穿绝缘橡胶靴，附近的其他导电体或接地处都应用橡胶布遮盖，并需要有专人监护，等等）。

（5）在工厂车间，一般只允许使用36V的手提灯；如果在金属结构架上和特别潮湿的屋内，则只允许使用不超过12V的手提灯。

（6）任何情况下都不得用手来鉴定导体是否带电。要用测电笔或电工测量仪表来判断。

（7）电流未切断时，不得更换保险丝，不得用一般铜丝来代替保险丝。更换时应在开关处挂上醒目标志，以防他人误将开关合上。

（8）严禁利用大地作中性线，严禁采用三线一地、二线一地或一线一地制。

（9）家庭安装开关和插座时，应尽量高于 1.5m。以防儿童玩耍时触电。

（10）遇有人触电，如在开关附近，应立即切断电源；如附近无开关，则应尽快用干燥的绝缘棍棒拨开电线或拔开触电者（对 250V 以下的低压情况而言），切勿直接用手去拉触电者。

（11）外出遇雷雨，应远离金属物体，不要站在高处，不要在大树下避雨，不要使用无线电通讯工具。应双腿并拢，蹲在坑凹地方。

（12）发生电火灾，应当首先切断电源，防止灭火时发生触电事故。带电灭火时不可用水或泡沫灭火器，应使用二氧化碳、1211 等不导电的灭火剂，同时注意不要使身体部位或消防器材接触带电体，以防发生触电事故。

七、现场急救基本知识

当我们发现有人触电时，应当迅速采用正确的方法对触电者进行救助。救助包括两个方面：一是使触电者尽快脱离电源；二是对触电者进行医务救护。正确的救助办法如下：

1. 切断总电源

若是低压线路，凡能切断电源的应迅速切断电源。如系高压线路且又不可能迅速切断电源时，可用抛挂铁丝等金属"短线路"办法迫使电源保护装置跳闸，达到断电的目的。如果不能立刻断电，就必须尽快使触电者脱离电源。比如用绝缘物（木质、塑料、橡胶制品、书等）迅速将电线、电器与伤员分离；也可站在绝缘物上，如一叠厚报纸、塑料布、木板之类，用扫帚或木椅等将伤者拨离电源，或是用绳子或任何干布条绕过伤者腋下或腿部，把伤者拖离电源。切勿用手触及伤者，也不要用潮湿的工具或金属物质把伤者拨开，以防止相继触电。若触电者是触及了断落在地上的带电高压线，在未确证线路无电且未作好安全措施之前，救护人员不得接近断线落地点 8～12m 范围内，以防跨步电压伤人。

总之，要尽量缩短触电者触电的时间，这是救活触电者的一个首要因素。因为在其他条件都相同的情况下，触电者触电时间越长，造成心室颤动、心脏停跳和死亡的可能性也越大。如果伤员在高空作业，救护时还须预防伤员在脱离电源时摔下来。造成二次损伤。

2. 伤员脱离电源被救下

如果是一度昏迷，尚未失去知觉，则应使伤员在空气流通的地方静卧休息。对于伤势较重、已失去知觉，但心脏跳动和呼吸还存在的触电者，应使触电者舒适、安静地平卧。不要围观，让空气流通，同时解开其衣服（包括领口与裤带）以利于呼吸。禁止用摇动伤员头部、冷水激等不科学的方法使触电者清醒。若天气寒冷则还要注意保暖，并速请医生诊治或送往医院

3. 触电急救的常用方法

（1）人工呼吸　将触电者伸直仰卧在空气流通的地方，解开领口、衣服、裤带，再使其头部尽量后仰，鼻孔朝天，使舌根不阻塞气道。救护人用一只手捏紧伤员鼻孔，用另一只手的拇指和食指掰开触电者嘴巴先快速取出触电者嘴里的东西，并注意不要把东西推到喉咙里。然后救护人深吸一口新鲜空气，紧贴着触电者的口吹气约 2s 使伤员胸部扩张，接着放松口鼻，使其胸部自然地缩回。

人工呼吸的实施次数是：成人每分钟 14～16 次，儿童 20 次，新生儿 30 次。人工呼吸法在进行中，若伤员表现出有好转的现象时（如眼皮闪动和嘴唇微动），应停止人工呼吸数

秒钟，让他自行呼吸，如果还不能完全恢复呼吸，须把人工呼吸法进行到能正常呼吸为止，如作 60 分钟以上仍不见呼吸恢复，而心脏已见搏动者则需继续延长，直到完全恢复自动呼吸为止。如果抢救者体力不支时，可轮番换人操作，直到使触电者恢复呼吸心跳或确诊已无生还希望时为止。

(2) 胸外挤压心脏法　对于心脏停止跳动的触电者，可以将触电者平放在硬板上，头部稍低，救护人站在伤员一侧，将一手的掌根放在胸骨下端，另一手叠于其上，靠救护人上身的体重，向胸骨下端用力加压，使其陷下 3cm 左右，随即放松，让胸廓自行弹起，如此有节奏地挤放，每分钟 60～70 次。急救如有效果，伤员的肤色即可恢复，瞳孔缩小，颈动脉搏可以摸到，自发生呼吸恢复。心脏按摩法可以与人工呼吸法同时进行。

对触电者进行现场救护时，若有条件还可配合采用其他科学方法，比如中医针灸疗法、强迫输氧等，使急救工作能取得尽可能好的效果。

4. 紧急救护的注意事项

● 心跳呼吸恢复后有的早期可能再次骤停，故要严密监护，随时准备再次抢救。

● 初期恢复后，触电者会出现神志不清、精神恍惚，或者情绪躁动，应尽量设法使其保持平静。

● 对于电伤和摔跌造成的局部外伤，现场救护中也应作适当处理，防止细菌感染及摔跌骨折刺伤周围组织，以减轻触电者痛苦和便于转送医院。

● 除有医生和相应的医疗设备外，现场触电急救禁止使用"强心针"。

触电者如果呈现昏迷状态，甚至停止心跳和呼吸，我们应认定为触电假死，触电假死状态分为三类：心跳停止，但呼吸尚存在；呼吸停止，但心跳存在；心跳与呼吸全停止。对于处于触电假死状态的触电者，若抢救迟缓一些，就会导致触电者心跳呼吸全都停止，甚至造成真正死亡。所以对于假死状态的触电者要迅速而持久地进行抢救。有触电者经 4 小时或更长时间的人工呼吸而得救的事例。根据统计资料，触电后越早开始救治者，效果越好；而触电后 12 分钟开始救治者，救活的可能性很小。由此可知，动作迅速是非常重要的。

对于假死状态的触电者，必须采用正确的急救方法。施行人工呼吸和胸外心脏挤压的抢救工作要坚持不断，切不可轻率停止，运送触电者去医院的途中也不能中止抢救。在抢救过程中，如果发现触电者皮肤由紫变红，瞳孔由大变小，则说明抢救收到了效果；如果发现触电者嘴唇稍有开、合，或眼皮活动，或喉嗓门有咽东西的动作，则应注意其是否有自主心脏跳动和自主呼吸。触电者能自主呼吸时，即可停止入工呼吸。如果人工呼吸停止后，触电者仍不能自主呼吸，则应立即再作人工呼吸。急救过程中，如果触电者身上出现尸斑或身体僵冷，经医生作出无法救活的诊断后方可停止抢救。

第三节　节约用电

能源问题是当代世界的一个普遍性问题。在我国，人均能源占有率还不及世界平均水平。因此在我国"四化"建设中，能源的开发与节约是具有战略意义的重要问题。

电能作为一种优质、清洁、方便、高效的能源，是国民经济和人民生活必不可少的。节约电能具有重大的经济效益、社会效益和环境效益。节约电能可以有效地缓解电力供需矛盾，保证我国经济持续、快速、健康地发展，而且节电也是爱护资源，保护环境的有力措施。因此要加强人们的节约用电教育，增强人们的节约用电意识。

节约用电的主要途径是：

（1）合理使用电能　要求机电设备配套合理，消除"大马拉小车"的现象；电动机经常在轻载状态下运行称为"大马拉小车"。这样，设备容量得不到充分利用，而且功率因数与效率都很低，增加了损耗，浪费了电能。此外，还可以采用各种合理化用电措施，例如：机床空载时自动停车；异步电动机轻载时自动作△－Y切换等。

（2）改善功率因数　电网中电力变压器和输配电线路等供电设备（或装置）的利用率高低，关系到电网电力供应的经济效益，特别要引起人们重视的是怎样充分提高配电变压器和配电线路的利用率。因为这些供电设备或装置的很大一部分，是由用户直接使用和管理的，所以，充分提高这些供电设备（或装置）的利用率，不但能使整个电网设备（包括上述供电设备）达到投资少和效益高的经济效果，而且能明显地改善电能质量。功率因数是体现供电设备利用率高低的主要指标，而决定电网因数高低的主要因素，却是用户的负载性质及用电状况。例如一台50kVA配变，若只向平均功率因数为0.6的电感性负载供电，则仅可提供30kW有功功率；如果向功率因数近似1的电阻性负载供电，那么就能提供将近50kW的有功功率。由此可知，用户负载的功率因数越高，则供电设备的利用率也就越高。因此用户变电站和用电设备要尽可能加装无功补偿设备。例如加装电容器、同步补偿器等，以提高用户的功率因数，补偿电网无功功率，从而提高电网的供电能力，降低线路上的能量损耗。国家要求高压系统工业用户的功率因数应达到0.95，其他用户应达到0.9，农业用户应达到0.8，并实行按电力率调整电价的制度，以鼓励用户改善功率因数。

（3）尽量利用电网系统供电的低谷时间和水电的丰水季节进行生产。

（4）推广新技术，降低产品电耗定额　如运用电子技术实现自动控制；采用晶闸管整流装置等均可使电耗大幅度下降。

（5）在生活照明用电方面也应加强管理，杜绝浪费。

 每章一练

1. 在电能远距离传输时，为什么要采用高压输电？
2. 当你发现有人触电时，你应该怎么办？
3. 为什么受到跨步电压威胁时，可以采用单脚或双腿并拢的方式跳离危险源？
4. 在日常生活中，你是怎样节约用电的？

第八章　半导体器件及应用

 本章概述

　　本章通过对半导体的基础知识讲述，导出了 PN 结和晶体二极管、三极管的相关知识，最后讲述了常用的整流电路，滤波电路和硅稳压二极管和稳压电路等。

 教学目标

　　1. 了解本征半导体的特性，理解 N 型和 P 型半导体的内部结构；
　　2. 理解 PN 结构及其特点，掌握晶体二极管特性、主要参数意义和识别检测的方法；
　　3. 了解二极管结构类型，掌握三极管工作原理、特性曲线及简易测试方法；
　　4. 掌握晶体三极管基本放大电路的组成和工作原理；
　　5. 掌握三种常用整流电路的构成、工作原理及应用；
　　6. 掌握常用滤波电路的组成和工作原理；
　　7. 了解硅稳压二极管特性，掌握硅稳压管稳压电路的构成和工作原理；
　　8. 了解晶闸管工作原理及其构成的可控整流电路原理。

＊ ＊ ＊ ＊ ＊ ＊ ＊ ＊ ＊ ＊

第一节　半导体的基础知识

　　自然界的各种物质，根据其导电性能的差别，可以分为导体、绝缘体和半导体三大类。其中半导体的导电能力界于导体和绝缘体之间，自然界中的半导体很多，如硅、锗、砷化镓、某些硫化物等，而最普遍的半导体器件以硅和锗两种材料居多。

　　半导体的导电性能是由其原子结构决定的。以硅为例，它的原子序数是 14，最外层的轨道上有 4 个电子。原子最外层轨道上的电子通常称为价电子。其中，每个原子最外层的价电子，不仅受到自身原子核的束缚，同时还受到相邻原子核的吸引，因此，两个相邻的原子共用一对价电子，形成所谓的共价键结构。

　　一、本征半导体

　　纯净的、不含其他杂质的半导体称为本征半导体，如不含杂质的单晶硅和单晶锗属于本征半导体。对于本征半导体来说，由于晶体中共价键的结合力很强，在绝对零度时，价电子的能量不足以挣脱共价键的束缚，不是自由电子，因此，半导体不能导电，如同绝缘体一样。但是，如果温度升高，将有一部分价电子挣脱共价键的束缚成为自由电子，这样在原来的共价键中留下一个空位，这种空位称之为空穴。可见，电子和空穴是成对出现的，称为电子－空穴对。也正是由于电子空穴对的出现，才使得半导体中存在了两种浓度相等的载流子（运载电荷的粒子）。通过实验证明，载流子的浓度跟温度有很大的联系，随温度的升高，载流子浓度按指数规律增加。但在常温下，半导体中电子－空穴对的数目是很少的，其导电能力也是很差的。

如果在本征半导体中掺入微量的有用杂质，就可以形成导电能力大大增强的杂质半导体。杂质半导体是制造各种半导体元件的基本材料。根据掺入杂质的不同，可分为 N 型半导体和 P 型半导体。

通过以上分析，可得到半导体的以下特性：半导体内的电子数和空穴数相等；半导体的导电性能对环境的变化很敏感；半导体的导电能力可以人为的调整。

二、N 型半导体和 P 型半导体

如果在 4 价硅或锗的晶体中掺入少量 5 价杂质元素，如磷、砷、锑等，则原来的某些硅或锗原子将被杂质原子代替。由于杂质原子的最外层有 5 个价电子，如磷原子，因此，它与周围 4 个硅原子或锗原子组成共价键时多余一个电子。这个电子不受共价键的束缚，而磷原子核对它的吸引力又非常小，所以成为自由电子。当然，由于温度的影响，硅或锗原子也会激发少量的电子空穴对，但在这种杂质半导体中，电子的浓度远远大于空穴的浓度，如图 8 - 1，所以以导电主要靠自由电子，故称为电子型半导体或 N 型半导体。其中，电子称为多数载流子，空穴称为少数载流子。

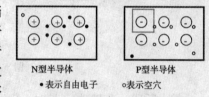

N 型半导体　　　P 型半导体
●表示自由电子　○表示空穴

图 8 - 1　杂质半导体的简化表示法

如果在硅或锗的晶体中掺入少量的 3 价杂质元素，如硼、镓等，此时杂质原子的最外层有 3 个价电子，它与周围的硅或锗原子组成共价键时，由于缺少一个电子而形成空穴。同样，由于热激发也会产生少量的电子空穴对，但空穴数目远远大于电子的数目。此时，半导体主要靠空穴导电，故称为空穴型半导体或 P 型半导体，如图 8 - 1。其中，空穴称为多数载流子，电子称为少数载流子。

总之，在纯净的半导体中掺入杂质以后，导电性能将大大改善，但是仅仅提高导电能力不是最终目的，杂质半导体的奇妙之处在于，掺入不同性质、不同浓度的杂质，并使 P 型半导体和 N 型半导体采用不同的方法组合，可以制造出形形色色、品种繁多、用途各异的半导体器件。

第二节　PN 结和晶体二极管

一、PN 结及其特性

当把 P 型半导体和 N 型半导体用一定的工艺结合在一起时，它们的交界面会形成一个特殊薄层，称为 PN 结，如图 8 - 2 所示。由图可知，P 区的空穴和 N 区的电子不断复合，形成由 P 区指向 N 区的电流，最后只剩下不能参加导电的正负离子。这些离子使得 P 区带负电，N 区带正电，形成了一个方向由 N 区指向 P 区的内电场。而在两者之间形成的电位差

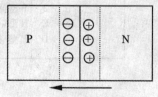

图 8 - 2　内电场方向

对不同的材料来说也是不同的,硅材料约为0.7V,锗材料约为0.3V。

　　PN结的一个重要特性就是单向导电性,具体分析如下。给PN结外加一个电压,若P区接电源正极,N区接电源负极,如图8-3,则外电场的方向与内电场的方向相反,此时外电场削弱了内电场,使两个区的多数载流子越过PN结,形成较大电流。若使外加电压不断增大就会进一步削弱内电场,电流也就随着增大,这表明此时的PN结电阻很小,呈导通状态。若P区接负极,N区接正极,外电场将加强内电场,这样少数载流子的移动形成电流,

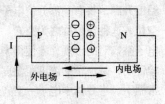

图8-3　正向偏置的PN结

由于数目很少,所以电流非常小,此时的PN结相当于一个很大的电阻,呈截止状态。把P区接电源正极,N区接电源负极称为PN结加正向电压,或称正向偏置,简称正偏。把P区接电源负极,N区接电源正极称为加反向电压,或称反向偏置,简称反偏。

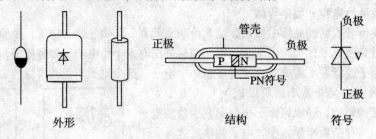

　　　　外形　　　　　　　　　　　结构　　　　　　　符号

图8-4　二极管的外形及符号

　　综上所述,当PN结正偏时,PN结处于导通状态,当PN结反偏时,PN结处于截止状态。可见,PN结有单向导电性。

二、晶体二极管

　　晶体二极管就是利用这样的杂质半导体制成的。在PN结的外面装上管壳,再引出两个电极,就可以做成晶体二极管,符号为V。常见的二极管外形图及符号如图8-4。接P区的电极叫做正极(或阳极),接N区的电极叫做负极(或阴极)。

　　二极管的分类方法很多,按材料不同可分为硅二极管和锗二极管;按管子的结构不同可分为点接触型、面接触型、平面型等,具体型号命名方法见表8-1。

表8-1　二极管的型号

第一部分		第二部分		第三部分				第四部分	第五部分
用数字表示器件的电极数目		用拼音字母表示器件的材料和极性		用汉语拼音字母表示器件的类型				用数字表示器件的序号	用汉语拼音字母表示规格号
符号	意义	符号	意义	符号	意义	符号	意义		
2	二极管	A B C D	N型锗材料 P型锗材料 N型硅材料 P型硅材料	P Z W K L	小信号管 整流管 稳压管 开关管 整流堆	C V S X	变容量管 混频检波管 隧道堆 低频小功率 晶体管		

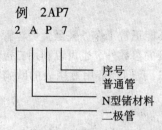

例 2AP7

2 A P 7
　序号
　普通管
　N型锗材料
　二极管

例 2CZ54D

2 C Z 54 D
　规格号
　序号
　整流管
　N型硅材料
　二极管

实际电子电路中经常用到二极管，这就需要根据其性能合理正确地选择二极管，二极管的性能好坏可以从其伏安特性曲线来判断。伏安特性是指二极管两端所加电压与通过它的电流之间的关系，用来表示这种关系的曲线叫伏安特性曲线。具体分析如下（以硅二极管为例）：如图 8-5 所示。

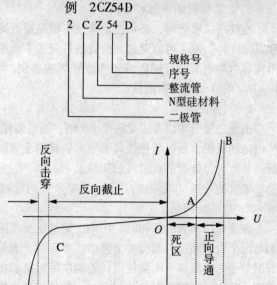

图 8-5　硅二极管的伏安特性曲线

1. 正向特性

当加在二极管上的正向电压较小时，正向电流很小，几乎等于零，如 OA 段，只有加在二极管两端的正向电压大于某一数值时，正向电流才明显增大，这一数值称为死区电压 U_{TH}。此数值与材料有关，硅二极管的死区电压是 0.5V 左右，锗二极管的死区电压是 0.2V 左右。当正向电压超过死区电压以后，随着电压的升高，正向电流将迅速增大如 AB 段，二极管处于导通状态。

2. 反向特性

由图可见，当在二极管上加反向电压时，电流数值很小，并且电流数值基本不随电压增大而增大，如 OC 段，此时电流称为反向饱和电流 I_R。但是，如果反向电压继续增大到一定数值，反向电流会突然急剧增大，如 CD 段，二极管就会被击穿，此时二极管上所加的电压称为反向击穿电压 U_{BR}。击穿后被损坏的二极管不再有单向导电性。

三、二极管的主要参数

只有了解了二极管的各个参数，才能在实际应用中正确地选择和使用二极管。二极管的主要参数有如下几个：

1. 最大整流电流 I_F

是指二极管长期工作时允许通过的最大电流。使用时，管子的平均电流不得超过此值，防止二极管因过热而损坏。

2. 最大反向工作电压 V_R

是指二极管所能承受的最大反向电压。超过此电压可能会击穿二极管。一般手册中的 V_R 是反向击穿电压的一半。

3. 反向电流 I_R

是指室温条件下，在二极管两端加上规定的反向电压时流过管子的反向电流。此值越小，表明管子的单向导电性越好。

四、二极管的识别和检测

在使用二极管时，必须注意极性不能接错否则电路不仅不能正常工作，甚至会烧坏管子和其他元件。除了可以通过二极管的外观或手册来了解二极管的参数外，也可以利用二极管单向导电性对其进行正负极和性能好坏的鉴别。实际应用中，我们经常用万用表的欧姆挡 R×100 或 R×1k 挡来测试。

1．极性的判别

由于二极管可以看成是一个 PN 结，而且万用表的黑表笔接电表内电池的正极，红表笔接电池的负极，所以当把红黑表笔分别接两个管脚时，若万用表的指针几乎不动，则黑表笔所接管脚为二极管的负极（或阴极）。反之，若指针右偏，电阻很小，则黑表笔所接的管脚是二极管的正极（或阳极），而红表笔所接的管脚是二极管的另一个极。

2．好坏的判别

在测量二极管的好坏时，用两次测量正反电阻的方法确定是否能正常使用。红黑表笔分别与两个管脚相接，测得一个阻值，对调两个表笔，又测得一个阻值，若两次的阻值都很大表明管子内部断路，不能使用；若两次的阻值都很小或为零，则表明管子内部已短路也不能使用；只有正反向电阻相差很大时，此二极管才能正常使用。

要注意的是：实际使用万用表各挡测二极管时获得的阻值是不同的。这是因为 PN 结的阻值是随外界所加的电压变化的，而万用表测电阻时，各挡的表笔端电压不同，所以万用表不同的挡位从同一只管子测得的读数就不一样。

第三节 节约用电

晶体三极管简称三极管，用文字符号表示为 VT。它常常是组成各种电子电路的核心部件。三极管有三个管脚，分别对应三个极。三极管的图形及符号如图 8-6 所示。

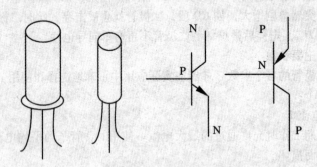

图 8-6 三极管的外形和符号

一、三极管的结构和类型

图 8-7 所示为三极管的结构示意图。由图可见，三极管有两个 PN 结，分别称为发射结和集电结。这两个 PN 结构成了三个区，分别是发射区、基区和集电区。从三个区引出三个极分别叫发射极（e）、基极（b）和集电极（c）。

三极管的型号及各部分的意义，见表 8-2。

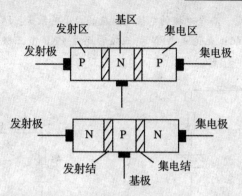

图8-7 三极管的结构

根据三极管的极性、材料、用途等可把三极管分类如下：

●按材料分：分为硅三极管和锗三极管（硅三极管性能稳定，应用较广泛）；

●按结构分：分为NPN三极管和PNP三极管（硅管多是NPN型）；

表8-2 三极管的型号

第一部分		第二部分		第三部分		第四部分	第五部分
用数字表示器件的电极数目		用拼音字母表示器件的和极性		用汉语拼音字母表示器件的类型		用数字表示器件的序号	用汉语拼音字母表示规格号
符号	意义	符号	意义	符号	意义		
3	三极管	A B C D E	PNP型锗材料 NPN型锗材料 PNP型硅材料 NPN型硅材料 化合物材料	X G D A T Y CS	低频小功率管 高频小功率管 低频大功率管 高频大功率管 闸流管 体效应管 场效应管	例：130	例：C

●按频率分：分为高频管和低频管等。

例 3AX52B   例 3DG130C

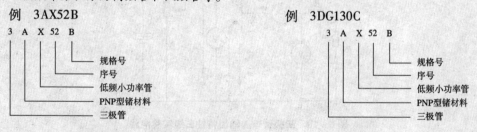

二、三极管的重要特性—电流放大作用

以NPN型三极管为例，讨论三极管的电流放大作用。

虽然三极管内部存在两个PN结，好像两个二极管背靠背地串联在一起，但实际上，三极管的内部还必须有独特的条件（即发射区的多数载流子浓度很高，基区很薄，多数载流子的浓度很低）来满足才能实现其放大作用。而外部条件是在三极管外部加上合适的电压。如图8-8、8-9所示。由图可知：

●三极管的工作电压：对于NPN型三极管，各个电极的电位所对应的大小关系是：$U_C > U_B$

$>U_E$；对于 PNP 型三极管，各个电极的电位所对应的大小关系是：$U_C < U_B < U_E$。

● 三极管的电流分配：无论是 NPN 型三极管还是 PNP 型三极管，三个电极的电流关系都符合下列关系式：$I_E = I_B + I_C$。

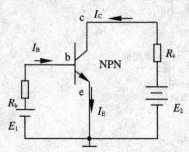

图 8-8　NPN 三极管的工作电压

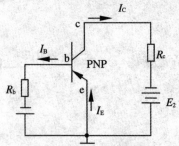

图 8-9　PNP 三极管的工作电压

● 电流放大作用：所谓电流放大作用是指当基极电流有一个很小的变化时，能引起集电极电流发生较大的变化，即用基极电流去控制集电极电流。电流放大倍数用 β 表示，β 一般在 30～100 之间。

所以，要想使三极管工作在放大状态，除内部结构满足外，还需要一定的外部条件，即在其发射结上加正偏电压，在其集电结上加反偏电压。

三、三极管的特性曲线

我们可以用曲线来描述三极管各极电流和电压之间的关系，此曲线称之为输入、输出特性曲线。

1. 输入特性曲线

输入特性是指当三极管集电极与发射极之间的电压 U_{CE} 不变时，三极管基极电流 I_B 与加在基极和发射极之间电压 U_{BE} 的关系。可以用如图 8-10 的电路进行测试逐点描绘，以 NPN 硅三极管为例，所得曲线如图 8-11。从曲线可以得到以下结论：

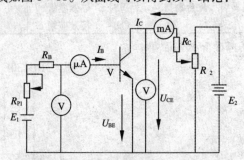

图 8-10　三极管输入输出特性曲线实验电路

当 $U_{CE} = 0$ V 时也就相当于三极管的集电极与发射极短路，曲线如图所示。当 $U_{CE} = 1$ V 时，曲线右移，即曲线随 U_{CE} 的数值变化，值得注意的是 $U_{CE} > 1$ V 后的曲线与 $U_{CE} = 1$ V 时的曲线基本重合，所以用 $U_{CE} = 1$ 时的这一条曲线来描述输入特性曲线。当硅管 $U_{BE} = 0.7$V 左右、锗管 $U_{BE} = 0.3$V 左右时，曲线变得很陡，即 U_{BE} 稍有变化，就会引起基极电流很大的变化。通常把硅管 $U_{BE} = 0.7$V 和锗管 $U_{BE} = 0.3$V 称为三极管的导通电压。

2. 输出特性曲线

输出特性是指当三极管基极电流保持不变时，三极管集电极电流 I_C 与集电极到发射极

之间的电压 U_{CE} 的关系。仍用图 8 – 10 测试，可得曲线如图 8 – 12。由图线可得到以下结论：

得到的一系列曲线都有上升弯曲和平行部分，并且各曲线的上升部分几乎重合到一起，而平行部分按 I_B 的值从小到大，自下而上排列，这一组曲线反映了三极管不同的工作状态。它的工作区可以分为三个：截止区、饱和区和放大区。在截止区，也就是 I_B 与横轴之间的区域，三极管的集电结与发射结都处于反偏状态，即 $U_{BE} < 0$，$U_{BC} < 0$，此时 I_C 很小，并且不受基极控制，与放大无关，三极管失去放大作用；在饱和区，也就是所有曲线拐点的连线与纵轴之间的区域，三极管的集电结与发射结都处于正偏状态，即 $U_{BE} > 0$，$U_{BC} > 0$，此时 I_C 也不受 I_B 控制，三极管也失去放大作用；在放大区，即除去截止区和饱和区的区域，三极管的集电结反偏，发射结正偏，即 $U_{BE} > 0$，$U_{BC} < 0$ 满足了三极管放大的条件，此时 I_B 的变化能引起 I_C 的变化，并遵循 $I_C = \beta I_B$ 的关系。

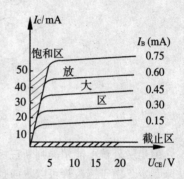

图 8 – 11　硅三极管的输入特性曲线

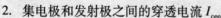

三极管的输入输出特性是选择三极管的主要依据，各个型号三极管的特性曲线可以从半导体手册中查到。当然，还可以通过半导体手册中三极管的参数来确定三极管的性能。

图 8 – 12　三极管的输出特性曲线

四、三极管的主要参数

1. 电流放大系数 β 和 H_{fe}

电流放大系数是表征管子放大作用大小的参数。β 又称为共射极交流电流放大系数，它是反映动态时的电流放大特性，表达式为 $\beta = \dfrac{\Delta I_C}{\Delta I_B}$，而 H_{fe} 又称为共射极直流电流放大系数，它反映静态时的电流放大特性，表达式为 $H_{fe} = \dfrac{I_C}{I_B}$。

2. 集电极和发射极之间的穿透电流 I_{ceo}

I_{ceo} 表示当基极开路时，集电极和发射极之间的电流。如图 8 – 13 是测量 I_{ceo} 的电路。I_{ceo} 的大小对温度非常敏感，实际工作中选用三极管时，要 I_{ceo} 的值尽可能小，此值越小，表明其热稳定性越好，硅管比锗管的热稳定性要好。

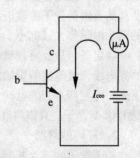

图 8 – 13　反向饱和电流的测量电路

3. 集电极最大允许电流 I_{CM}

I_{CM} 过大时，三极管的 β 值就要减小，所以，使用三极管时，不能超过集电极的允许最大电流。

4. 集电极与发射极之间的反向击穿电压 U_{CEO}

U_{CEO} 是指基极开路时，集电极和发射极之间的反向击穿电压。超过此值，管子可能被击穿。

5. 集电极最大允许耗散功率 P_{CM}

P_{CM}是指三极管正常工作时管子所消耗的功率。$P_C = I_C V \times U_{CE}$，超过此值，管子会因过热而性能变坏或烧毁，从图 8-14 中可以看出有安全工作区和过损耗区，当三极管正常工作时，不能使它的功率值处于过损耗区。

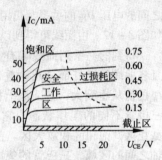

图 8-14　三极管的输出特性曲线

五、三极管的识别和检测

三极管的外观有很多种，可以通过外在特征判断管型和管脚极性，具体判别方法如图8-15所示。

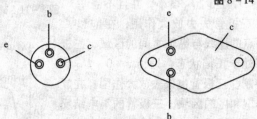

图 8-15　部分三极管管脚极性

但是从外观不能精确判断三极管的性能好坏，所以实际应用中，我们经常采用测量的方法来判定。由于三极管可以看成是两个二极管背靠背地串联，所以我们同样也可以利用万用表来对三极管的性能好坏和管脚进行判别。具体方法如下：

1. 管型和极性的判别

以黑笔为准，红笔分别接另外两个管脚，若测得的电阻均较小，则此管子为 NPN 型管子，黑笔所接的管脚是管子的基极。若测得的电阻均较大，则此管子为 PNP 型管子，红笔所接的管脚是管子的基极。若测得的电阻一个大一个小时，则黑笔需要重换管脚，直到测得的两个电阻都大或都小。

确定基极后，再找集电极。若管子是 NPN 型，假设其中一个是集电极，将黑笔接假设的集电极，红笔接假设的发射极，然后用手捏住基极和集电极，观察指针的偏转情况并记录下来，再把两个表笔对调，重复上述过程，则偏转角大的一次黑笔接的管脚是集电极。如果是 PNP 型管子，只需将红笔代替黑笔即可，其他测试方法完全相似。

2. 好坏的判别

知道管子的三个极后，用测量各个极间正反向电阻的方法来判断管子好坏。例如，对于 NPN 型管子，若基极与发射极间正反向电阻都很大，则表明管子内部断路，若正反向电阻都很小，则表明管子内部已短路。同样的方法可测量另外极间是否短路或断路。对于 PNP 型管子，方法同样适用。

3. 穿透电流的估测

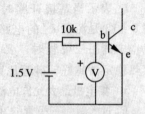

图 8-16　测量管子的材料

通过测量管子集电极和发射极之间的反向电阻来估测穿透电流。若测得反向电阻越大，表明管子的穿透电流越小，三极管的性能也就越好。

4. 硅管和锗管的判别

通过测量基极和发射极之间的电压来判定管子的材料。若 $U_{BE} = 0.7V$，则此管的材料是硅，若 $U_{BE} = 0.3V$，则此管为锗三极管。测量方法如 8 – 16 图所示。注意：对 PNP 型管子电源极性要相反。

第四节 晶体三极管放大电路

在测量或自动控制过程中，常常需要检测和控制一些与电子设备运行有关的非电量如温度、流量、转速等。这些非电量的变化量虽然可以经传感器转换成相应的电信号，但一般都是非常微弱的。而以三极管为核心元件的放大电路就具有把微弱信号变成较强信号的功能，从而去驱动功率较大的继电器、控制电机或显示仪表等设备。本节主要分析三极管的基本放大电路。

一、基本放大电路的组成

如图 8 – 17，电路中只有一个三极管作为放大元件，所以又称为单管放大电路。输入回路是 V_{CC}、R_B 基极 b 到发射极 e，再到 V_{CC}。输出回路是 V_{CC}、R_C 集电极 c 到发射极 e，再到 V_{CC}。可见，输入回路与输出回路的公共端是发射极，故此放大电路又称为共射极放大电路。各个元件的作用是：VT 是放大电路的核心；V_{CC} 是集电极直流电流，也为基极提供电流；R_C 是集电极负载电阻，把电流变化变为集电极电压的变化；C_1、C_2 叫耦合电容，它们通交流、隔直流；R_B 是基极偏置电阻，作用是确定管子合适的工作状态。

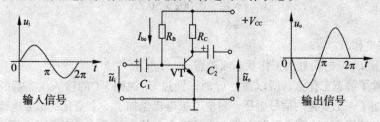

输入信号　　　　　　　　　　　　　　　　　　　输出信号

图 8 – 17　三极管放大电路

二、基本放大电路的工作原理

1. 由前面知识可知，三极管实现放大作用必须具备一定的外部条件

●外加直流电源的极性必须使三极管的发射结正偏，集电结反偏，工作在放大区；

●输入回路接法应使输入电压变化量能传送到的基极回路，并使基极电流产生相应的变化量；

●输出回路接法应使集电极电流变化量能转化为集电极电压的变化量，并能送到放大电路的输出端。

2. 静态工作点

当 $u_i = 0$ 时，电路所处的状态只有直流无交流，称为静止工作状态简称静态。此时对应VT 的各个极的电压、电流值称为静态工作点。常用的静态工作点有 I_{BQ}、I_{CQ}、I_{CEQ}。通过静态工作时的等效电路图如图 8 – 18，得数值的具体关系如下：

$$I_{BQ} = \frac{V_{CC} - U_{beq}}{R_b} \tag{8 – 1}$$

由于 $U_{beq} = 0.3V$ 或 $0.7V$，与 V_{CC} 相比较而言很小，可以忽略不计，所以

$$I_{BQ} \approx \frac{V_{CC}}{R_b} \qquad (8-2)$$

$$I_{CQ} = \beta I_{BQ} \qquad (8-3)$$

$$U_{CEQ} = V_{CC} - I_{CQ}R_C \qquad (8-4)$$

例 8-1 在上述电路图 8-18 中，若 $V_{CC} = 12V$，$R_C = 3 \text{ k}\Omega$，$R_b = 280k\Omega$，NPN 硅三极管的 $\beta = 50$，试估算静态工作点。

解：

设三极管 $U_{BQ} = 0.7$，则由

$$I_{BQ} = \frac{V_{CC} - U_{beq}}{R_b} \text{得：}$$

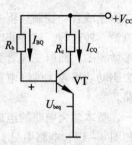

图 8-18　单管放大电路的直流通路

$$I_{BQ} = \frac{12 - 0.7}{280}$$

$$= 0.04mA$$

$$= 40\mu A$$

由 $I_{CQ} = \beta I_{BQ}$ 得：

$$I_{CQ} = 50 \times 40$$

$$= 2 \text{ mA}$$

由 $U_{CEQ} = V_{CC} - I_{CQ}R_C$

$$U_{CEQ} = 12 - 0.002 \times 3000$$

$$= 6V$$

3. 动态工作

输入电压 $u_i \neq 0$ 时所处的工作状态叫动态。

由于设置了静态工作点，所以加上 u_i 时，通过 C_1 加到 VT 的输入端。基极电压就在静态基础上又加了一个变化的信号电压。对应基极电流也加了一个变化的信号电流。

集电极电流以 βI_B 的形式跟着变化，也是动态与静态的和，这就使得负载电阻 R_C 上的电压降增大，而此管压降就是被放大了的信号电压，它与输入电压相位相反。因此三极管不仅有放大作用，而且具备反相功能。具体的波形图如图 8-19。

4. 放大电路的主要技术指标

（1）电压放大倍数 A_U　指输出电压变化量与输入电压变化量之比。

$$A_U = \frac{\Delta U_o}{\Delta U_i}$$

电压放大倍数是衡量放大器件性能好坏的一个重要参数。要得出它的表达式，应采用交流等效电路图。在直流通路中，电容相当于开路，在交流通路中，电容相当于短路，直流电源也相当于短路，所以等效电路图如图 8-20 所示。

当放大器不带负载时：

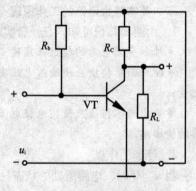

图 8-20　交流通路

$$A_U = \frac{\Delta U_o}{\Delta U_i} = -\frac{I_C R_C}{I_B r_{be}} = -\beta \frac{I_B R_C}{I_B r_{be}} = -\beta \frac{R_C}{r_{be}} \qquad (8-5)$$

一般

$$r_{be} = 300 + (1+\beta)\frac{26\text{mV}}{I_{CQ}\text{mA}} \qquad (8-6)$$

或

$$r_{be} = 300 + \frac{26\text{mV}}{I_B\text{mA}} \qquad (8-7)$$

当放大器带负载时：

$$A_U = \frac{\Delta U_o}{\Delta U_i}$$

$$= -\beta \frac{I_B[R_L{}']}{I_B r_{be}} \qquad (8-8)$$

负号表示三极管的反相作用。

（2）输入电阻 R_1　指从放大电路输入端看进去的等效电阻如图 8-21。

$$R_1 \approx r_{be} \qquad (8-9)$$

R_1 要求越大越好，R_1 越大，说明放大电路对信号源索取的电流越小。

（3）输出电阻（不包括负载）R_0　指从放大器输出端看进去的等效电阻。

$$R_0 \approx R_C \qquad (8-10)$$

希望 R_0 越小越好，R_0 越小，说明带负载的能力越强。

第五节　常用的整流电路

电子设备中都需要用到直流电源，并且要求直流电源的输出电压幅值稳定，输出电压平滑，脉动成分小，这就需要考虑把交流电转换成直流电。通常用到的直流电源由变压器、整流电路、滤波电路、稳压电路组成，我们将对这些电路进行一一论述。所谓整流电路是指把交流电变成方向不变但大小变化的直流电。它主要利用具有单向导电性的二极管作为整流元件把交流电变成直流电。而经常采用的整流电路有单相半波、单相全波和单相桥式整流电路。

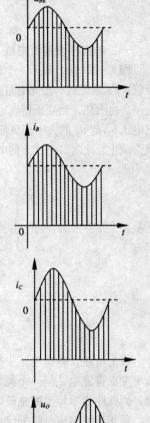

图 8-19　放大电路各点输出波形

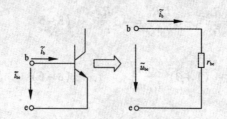

图 8 - 21 三极管等效输入电阻

一、单相半波整流电路

图 8 - 22（a）表示一个最简单的单相半波整流电路。图中 T 为电源变压器，VD 为整流二极管，R_L 是负载。在此电路图中，二极管是理想元件，即导通时相当于短路，截止时相当于断路。由图知，当变压器副边电压 u_2 上正下负（交流电的正半周）时，二极管导通，此时输出电压 u_L 与 u_2 的大小相位都相同。当变压器副边电压 u_2 下正上负时（交流电的负半周），二极管截止，此时二极管上的电压 $U_D = u_2$，输出电压 u_L 为零。输出波形图如 8 - 22（b）。

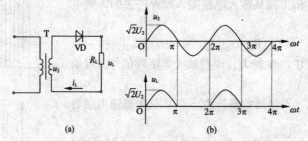

(a) (b)

图 8 - 22 单相半波整流电路

（a）单相半波整流电路图；（b）单相半波整流波形图

综上所述，整流电路中变压器是变换输入交流电的幅值大小；二极管是整流元件，把交流电变成直流电，但一个周期内只能变换交流电的半个周期，输出的直流电也只有半个波形，因此称为单相半波整流电路。

单相半波整流电路的优点是结构简单，使用的元件少，但缺点是输出波形脉动大，直流成分低，变压器利用率低等，所以当输出电流较大时应选择其他的电路。

二、单相全波整流电路

在单相半波整流电路的基础上加以改进可得全波整流电路。

如图 8 - 23（a）所示，工作原理是利用具有中心抽头的变压器与两个二极管配合，使两个二极管轮流导通。当变压器副边电压上正下负时，二极管 VD_1 导通，VD_2 截止，使输出电压 u_L 大小和相位都与 u_2 相同；当变压器副边电压上负下正时，二极管 VD_2 导通，VD_1 截止，使输出电压 u_L 与 u_2 的大小方向也相同。这样无论是交流电的正半周还是负半周都有一个二极管导通，一个二极管截止，使得 R_L 上总有电压，并且电压的相位不变。输出波形图如 8 - 23（b）。此电路必须采用具有中心抽头的变压器，且每个线圈只有一半时间通过电流，所以，变压器的利用率也很低。

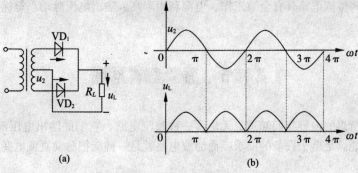

图 8 – 23 全波整流电路

（a）全波整流电路；（b）单相全波整流波形图

三、单相桥式整流电路

所谓桥式整流电路是指采用的四个二极管接成电桥形式，在交流电的正负半周分别两两导通，进而把交流变成直流的电路。电路如图 8 – 24。

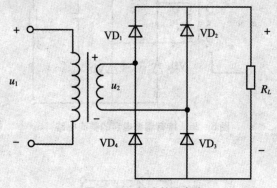

图 8 – 24 桥式整流电路

由电路图可知，在 u_2 的正半周内，二极管 VD_1、VD_3 导通，VD_2、VD_4 截止，电流由正极经 VD_1、R_L、VD_3 回到负极，加在负载电阻上的电压大小是 u_2，极性是上正下负；在 u_2 的负半周内，二极管 VD_1、VD_3 截止，VD_2、VD_4 导通，电流由正极经 VD_2、R_L、VD_4 回到负极，加在负载电阻上的电压大小也是 u_2，极性也是上正下负。这样就形成了全波输出。输出波形见图 8 – 25。

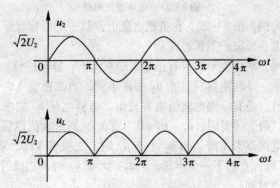

图 8 – 25 单相桥式整流波形图

可见，桥式整流电路具有全波工作、电源利用率高、输出电压脉动小等优点，所以得到广泛应用。

第六节　常用滤波电路

通过前面所讲的内容我们知道，无论哪一种整流电路，它们的输出电压都有脉动成分。这样的电压不能满足电子设备的要求。而滤波电路就是一种能把脉动直流电变成平稳直流电的电路。

如图 8-26 是广泛应用的最简单的滤波电路。在整流电路与负载之间并联上一个电容 C，就可以使输出电压的交流成分减少，直流电更趋于平滑。

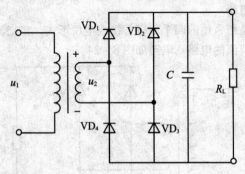

图 8-26　接有滤波电容的整流电路

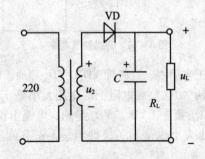

图 8-27　电容滤波电路

以桥式整流电路为例如图 8-27，在负载电阻上并联一个电容就形成电容滤波电路。下面以此电路为例说明电容滤波的工作原理：

在没有接入电容时，输出波形是只有正半周的直流电，脉动成分较大，接入电容后，输出波形如图 8-28 所示。并联电容后，在 u_2 的正半周，当二极管 VD_1、VD_3 导通时，有其中的一路电流经过负载，还有一路电流给电容充电，电容电压 u_C 的极性是上正下负，若忽略二极管的压降，则二极管导通时，$u_C = u_2 = 0$。当 u_2 达到最大值以后，开始下降时，电容上的电压也会由于放电而逐渐下降。当 u_2 小于 u_C 时，二极管 VD_1、VD_3 截止，不再导通，于是 u_C 按指数规律下降，直到下一个半周，$|u_2|$ 大于 u_C 时，二极管 VD_2、VD_4 导通，又给电容充电，重复上述过程。

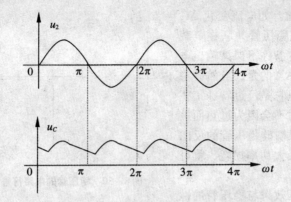

图 8 – 28   单相桥式整流滤波波形图

由以上分析，可知电容滤波主要利用了电容的充放电性质。经过电容滤波后的电路，输出电压的直流成分提高了，脉动成分减少了，得到了较平稳的电压。

除了电容滤波电路外还有 LC 滤波电路。如图 8 – 29。

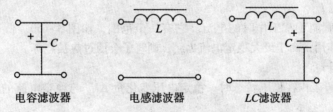

电容滤波器　　　　　电感滤波器　　　　　LC滤波器

图 8 – 29   滤波电路的几种形式

在滤波电容 C 与整流电路之间再串联一个带有铁芯的电感器，就构成了 LC 滤波电路。此电路利用的是电容对交流相当于短路，对直流相当于断路，而电感对交流相当于断路，对直流相当于短路的特点。这样，脉动电压的大部分都落到电感上，直流成分则降落在负载上，从而使输出电压变得平滑。

第七节   硅稳压二极管和稳压电路

经过整流和滤波后的电路已经能输出比较平稳的电压，但是，当电网电压或负载有变化时，还是会引起输出电压有较大的变化，对与之相连的电子设备会造成一定的危害，为防止此情况出现，还必须采取一定的措施，对输出电压进行稳定。把起稳定输出电压作用的电路称为稳压电路。最简单的稳压措施是采用硅稳压二极管来进行直流稳压。

一、硅稳压二极管

硅稳压二极管简称稳压管，是一种具有稳压作用的特殊二极管，其符号如图 8 – 30 所示。

硅稳压管之所以能起到稳压作用，主要是由其反向击穿时的伏安特性决定的。它的伏安特性曲线如图 8 –30。可看出，在反向击穿区，流过稳压管的电流有很大的变化，但对应的电压只有很小的变化。如电流变化 ΔI，而电压仅有 ΔU，把稳压管并联在负载的两端，就能在一定条件下保持输出电压基本稳定。需要注意的是，虽然硅稳压管也是二极管，但它是经过特殊工艺制造的，反向击穿时不会因为过热而被烧坏，因此，只要限制硅稳压管的反向电流，不超过它的最大功率损耗，就可以长期使用。

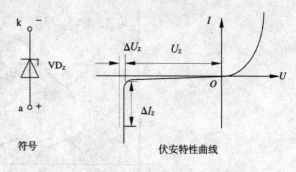

图 8-30　稳压管的电路符号和伏安特性曲线

稳压电路的稳压效果与稳压管的性能直接相连。实际应用中，选择硅稳压管，可以从以下几个参数考虑：

1. 稳定电压 U_Z

U_Z 是指正常工作时，稳压管两端的反向电压。此值随工作电流和环境温度的不同而略有改变。

2. 稳定电流 I_Z

I_Z 是指稳压管能正常工作时的电流。它有一个范围，如图 8-30。低于最小稳定电流 I_{Zmin} 起不到稳压作用；高于最大稳定电流 I_{Zmax}，则管子会因过热被烧坏。

3. 动态内阻 r_z

r_z 是指稳压管工作在稳压状态时，稳定电压变化量 ΔU_Z 与稳定电流的变化量 ΔI_Z 的比值。即

$$r_z = \frac{\Delta U_Z}{\Delta I_Z}$$

二、硅稳压管稳压电路

1. 电路组成

如图 8-31 所示为硅稳压管稳压电路的原理图。经整流、滤波后的电压 U_i 作为输入电压，稳压管 VD_Z 与负载 R_L 并联（注意稳压管的极性不能接反），电阻 R 作为限流电阻。

2. 工作原理

假设 U_i 不变，当负载 R_L 减小时，I_L 会增大，$I = I_L + I_Z$，所以 I 会增大，加在 R 的电压也会增大，U_0 会降低。

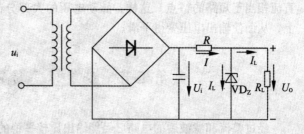

图 8-31　硅稳压管稳压电路

R_L 与 VD_Z 并联，则 U_Z 也会降低，而 U_Z 有很小的变化，I_Z 就有很大的变化。所以，当 U_Z 有微小降低，I_Z 就会急剧下降，从而 I 降低，在电阻 R 上的压降减小，使得 U_0 升高，起到了稳压作用，具体的过程如下：

$$R_L\downarrow \to I_L\uparrow \to I\uparrow \to U_R\uparrow \to U_0\downarrow \to U_Z\downarrow \to \downarrow I_Z\downarrow U_0\uparrow \leftarrow U_R\downarrow \leftarrow I\downarrow$$

设负载电阻 R_L 不变，电网电压变化使 U_i 上升，则 U_0 上升，对应的 U_Z 上升，流过稳压管的电流 I_Z 也会上升，电阻 R 上的电流 I 也就上升，使电阻上的电压 U_R 增大，U_0 就会降低。电阻 R 上的压降抵消 U_i 的升高。具体过程如下：

$$U_i \uparrow \to U_0 \uparrow \to U_z \uparrow \to I_z \uparrow \to I \uparrow \downarrow U_0 \downarrow \leftarrow U_R \uparrow$$

综上所述，负载或电网电压的变化，都能经稳压管后的电压变得稳定，起到了稳压作用，由于硅稳压管稳压电路简单，成本低，在一些小型的电子设备中经常采用。但其缺点是输出电压不能任意调节；而且当电网电压或负载电流有很大的变化时，也起不到稳压作用。所以可采用其他直流稳压电路进行稳压。

每章一练

1. 什么是半导体？半导体材料有几类？

2. PN 结是怎样形成的？它有什么特性？要使二极管具有良好的导电性，管子的正向电阻和反向电阻分别为大一些好，还是小一些好？

3. 三极管的最主要的功能是什么？放大的实质是什么？放大能力用什么来衡量？

4. 对于 NPN 型硅管电源的极性如何接法才能保证晶体管有放大作用？

5. 何谓静态工作和静态工作点？

6. 晶体管的输入端用什么来等效？如何估算 r_{be} 的值？

7. 在放大状态中，三极管各极电流之间有什么关系？

8. 三极管有几种工作状态？处于每一种状态的条件是什么？

9. 单相桥式整流电路中，四只二极管的极性全部反接，输出有何影响？

10. 什么是滤波？常用的滤波形式有哪些？

数字电路基础

 本章概述

随着现代电子技术的发展，人们正处于一个信息时代，每天都要从周围环境中获取大量的信息，这些信息需要传送、控制和记忆。要完成这些信息的传送、控制和记忆，就要用数字电路中的二进制数进行转换。本章主要讲述了数制转换基础知识，基本逻辑运算和基本定律以及门电路基础等知识。

教学目标

1. 掌握二进制表示方法和二进制与十进制之间的转换关系；
2. 掌握逻辑代数基本定律，能进行简单的逻辑运算；
3. 掌握三种门电路的特点，能进行简单电路逻辑设计。

* * * * * * * * * * *

第一节 数制转换基础

数制就是数的进位制，按照进位方法的不同，有不同的记数体制。常用的数制有十进制、二进制、八进制和十六进制等。

本节主要介绍二进制的表示方法和二进制与十进制之间的转换关系。

一、十进制

任何一个十进制数都可以用 0 到 9 十个数字来表示，这十个数字称为十进制的基数。十进制的进位规律是"逢十进一"。同一个数码在不同的位置表示的数值不同。

例 333

$$333 = 3 \times 10^2 + 3 \times 10^1 + 3 \times 10^0$$

可见，左边的 3 表示三百，中间的 3 表示三十，右边的 3 表示三个。因此对于任何一个十进制数 N_D 都可以用数学表达展开式的形式表示出来。方法如下：

$$N_D = \sum_{i=1}^{n} k_i \times 10^{i-1} \qquad (9-1)$$

其中，N_D 表示任意一个十进制数，k_i 表示从低位到高位的第 i 个数，10^{i-1} 表示第 i 个数所对应的权。

例 $(257)_D$

$$(257)_D = 2 \times 10^2 + 5 \times 10^1 + 7 \times 10^0$$

可见，十进制数可用各位的数与对应的位权乘积的和来表达。对于二进制，同样也可以用类似的方法表示。

二、二进制

二进制只能用 0 和 1 两个数字来表示，即 0 和 1 是二进制的两个基数。二进制的进位规律是"逢二进一"。对应的位权是 2^{i-1}。二进制数的表示是 N_B 或 N_2。如 $(1011)_B$

$$(1011)_B = 1 \times 2^3 + 1 \times 2^2 + 1 \times 2^1 + 1 \times 2^0$$

即：

$$N_B = \sum_{i=1}^{n} k_i \times 2^{i-1} \tag{9-2}$$

其中，k_i 是各位的系数，2^{i-1} 是各位的位权。

根据二进制的进位法则，二进制的具体运算规则如下：

$$0+0=0 \qquad 0+1=1 \qquad 1+0=1 \qquad 1+1=10$$
$$0 \times 0=0 \qquad 0 \times 1=0 \qquad 1 \times 0=0 \qquad 1 \times 1=1$$

减法与除法运算是加法和乘法的逆运算。

例9-1 试完成下列二进制的运算。

（1）$1001+1011$ （2）$1101-1010$

解：
$$\begin{array}{r} 1001 \\ +1011 \\ \hline 10100 \end{array} \qquad \begin{array}{r} 1101 \\ -1010 \\ \hline 0011 \end{array}$$

三、二进制与十进制的转换

数学中应用的都是十进制，但是对于计算机来说，它很难认识十进制，所以在电子电路中，经常需要把十进制数转换成二进制数，具体的转化方法如下。

1. 二进制转换成十进制

方法：按权相加法即写成数学展开式再求和。

例9-2 把 $(1101)_B$ 转换成十进制数。

解：$(1101)_B = 1 \times 2^3 + 1 \times 2^2 + 0 \times 2^1 + 1 \times 2^0 = 8+4+0+1 = (13)_D$

例9-3 把 $(111001)_B$ 转换成十进制数。

解：$(111001)_B = 1 \times 2^5 + 1 \times 2^4 + 1 \times 2^3 + 1 \times 2^0 = (57)_D$

例9-4 把 $(0.1010)_B$ 转换成十进制数。

解：$(0.1010)_B = 1 \times 2^{-1} + 0 \times 2^{-2} + 1 \times 2^{-3} + 0 \times 2^{-4}$
$$= 0.5 + 0 + 0.125 + 0$$
$$= (0.625)_D$$

2. 十进制转换成二进制方法：对于整数，除 2 反序取余法；对于小数，乘 2 顺序取整法。

例9-5 把十进制数 29 转换成二进制数。

$(29)_D = (11101)_B$

解:

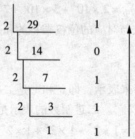

2	29	1
2	14	0
2	7	1
2	3	1
	1	1

关于小数的转换, 用的不多, 在此不再叙述。

第二节 基本逻辑运算和基本定律

逻辑代数又称布尔代数, 是研究逻辑电路的数学工具。使用二值函数进行逻辑运算, 可以使十分复杂的逻辑命题变成简单的代数式。二值函数是指表示一个逻辑命题的结果或条件时, 只能用两种对立的语言来描述, 如是与否、对与错、亮与灭等。因为是二值函数, 我们就可以用两个数字 0 和 1 来表示两种不同的语言描述。

在逻辑代数中, 我们用 A、B、C…表示变量, 用 F 表示结果, 用 0 或 1 表示各个变量及结果所对应的状态, 这样就可以用字母组成表达式来表示结果和变量之间的关系。

一、基本逻辑运算

1. 与运算

当决定一件事情的各个变量条件都满足时, 结果才会发生, 这样的关系称为与逻辑, 也叫与运算或逻辑乘。表达式是

$$F = A \cdot B \cdot C \cdots \qquad (9-3)$$

若只有两个变量则可以写成

$$F = A \cdot B$$

上述关系可以用图 9-1 来模拟。对结果灯的亮灭来说, 只有当两个开关全部闭合时, 灯才会亮。若其中的一个开关断开, 灯就不会亮。所以结果是在两个条件都满足的情况下才发生的。

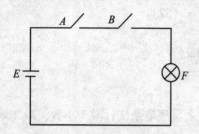

图 9-1 与运算的模拟电路

表 9-1

A	B	F
0	0	0
0	1	0
1	0	0
1	1	1

用 0 表示开关断开, 1 表示开关闭合, 0 表示结果不发生, 1 表示结果发生, 则可以用真值表来描述条件和结果的关系。

为了完整地表示输入与输出之间的逻辑关系, 将输入变量的所有取值组合所对应的输出变量的值一一列出来的表格叫做真值表。如表 9-1。与运算的基本运算规则是

$$0 \cdot 0 = 0 \qquad 0 \cdot 1 = 0 \qquad 1 \cdot 0 = 0 \qquad 1 \cdot 1 = 1$$
$$0 \cdot A = 0 \qquad 1 \cdot A = A \qquad A \cdot A = A$$

2. 或运算

当决定一件事情的各个变量条件有一个满足时，结果就会发生，这样的关系称为或逻辑，也叫或运算，逻辑加。表达式是

$$F = A + B + C + \cdots \tag{9-4}$$

当条件只有两个时，可以写成

$$F = A + B$$

图9-2可以描述或逻辑结果与条件的关系。由图可知，当两个开关中的一个闭合，灯就会亮，只有两个开关都断开时，灯才不亮。同样，用0表示开关断开，1表示开关闭合，0表示结果不发生，1表示结果发生，可列真值表9-2如下：

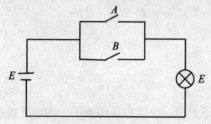

图9-2　或运算的模拟电路

表9-2

A	B	F
0	0	0
0	1	1
1	0	1
1	1	1

或运算的基本运算规则是：

$$0 + 0 = 0 \qquad 0 + 1 = 1 \qquad 1 + 0 = 1 \qquad 1 + 1 = 1$$
$$0 + A = A \qquad 1 + A = 1 \qquad A + A = A$$

3. 非逻辑

是指当条件满足时结果就不发生，当条件不满足时结果就会发生。也叫逻辑反或逻辑非。表达式是

$$F = \overline{A} \tag{9-5}$$

$\overline{A}$读作A非，通常A为原变量，$\overline{A}$为反变量。非运算可以用图9-3来描述。由图可知，当开关闭合时，灯不亮，当开关断开时，灯才会亮。用0表示开关断开，1表示开关闭合，0表示结果不发生，1表示结果发生，可列真值表如表9-3：

非运算的基本运算规则如下：

$$\overline{1} = 0 \qquad \overline{0} = 1 \qquad A + \overline{A} = 1$$
$$A \cdot \overline{A} = 0 \qquad \overline{\overline{A}} = A$$

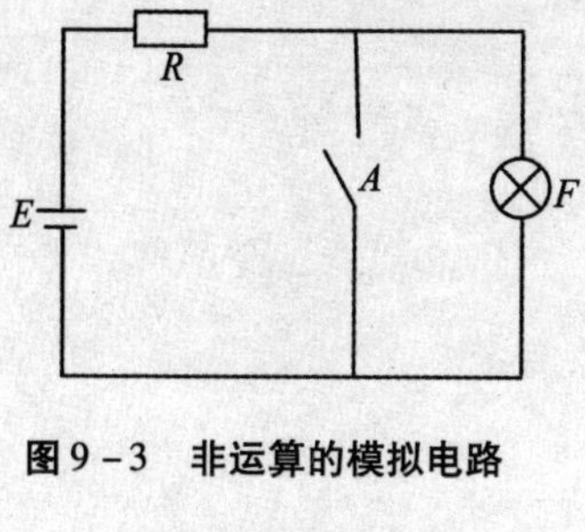

表9-3

A	F
0	1
1	0

图9-3　非运算的模拟电路

二、逻辑代数的基本定律

1. 基本运算公式

基本公式反映了逻辑运算的一些基本规律，要能正确理解和分析设计逻辑电路就必须掌握这些基本公式。基本公式中对与或非的总结如下：

$$A \cdot 0 = 0 \qquad A \cdot 1 = A \qquad A \cdot A = A \qquad A \cdot \overline{A} = 0$$
$$A + 0 = A \qquad A + 1 = 1 \qquad A + A = A \qquad A + \overline{A} = 1$$

2. 基本定律

逻辑代数中的基本定律有交换律、结合律和分配律。虽然同普通代数中的定律类似，但实际上有本质的区别。

交换律：$A + B = B + A$ $\qquad A \cdot B = B \cdot A$ $\qquad\qquad$ (9 - 6)

结合律：$A + B + C = A + (B + C) = (A + B) + C = (A + C) + B$ $\qquad$ (9 - 7)
$$A \cdot B \cdot C = (A \cdot C) \cdot B = A \cdot (B \cdot C) = (A \cdot B) \cdot C$$

分配律：$(A + B)(A + C) = A + BC$ $\qquad\qquad\qquad\qquad$ (9 - 8)
$$A \cdot (B + C) = AB + AC$$

吸收律：

a. $A + AB = A$ $\qquad\qquad\qquad\qquad\qquad\qquad\qquad\qquad\qquad$ (9 - 9)

上式表示在一个积之和的表达式中，一个因子是另一个乘积项的因子，则结果就是这个因子其他可以消去。

b. $A + \overline{A}B = A + B$

上式表示，在一个积之和的表达式中，一个乘积项包含另一个乘积项的非，则这个乘积项中包含的非变量可以消去。

反演律：

a. $\overline{A \cdot B \cdot C} = \overline{A} + \overline{B} + \overline{C} + \cdots$ $\qquad\qquad\qquad\qquad\qquad$ (9 - 10)

上式表示，几个逻辑变量的与的非等于各个变量非的或。

b. $\overline{A + B + C + \cdots} = \overline{A} \cdot \overline{B} \cdot \overline{C} \cdots$

上式表示，几个变量的或的非等于各个变量非的与。

三、法则的应用

运用基本公式可以对复杂的逻辑函数式进行化简，从而可以设计出简单的电路。所谓逻辑函数式是指用 A、B、C…各变量表示输出结果 F 的代数式。利用公式进行化简的方法称为公式法或代数法。

用公式法进行化简的结果应该具备以下几点才是最简结果。即写成与或的表达式；表达式中包含的乘积项最少；每个乘积项中变量的个数最少。

例 9 - 6 化简 $F = AB + A\overline{B} + \overline{A}B + \overline{A}\overline{B}$

解：

$F = A(B + \overline{B}) + \overline{A}(B + \overline{B})$

$F = A + \overline{A}$

$F = 1$

例 9 - 7 化简 $F = AB + ABCD + ABCE$

解：

$F = AB(1 + CD + CE)$

$F = AB$ 　　　　　　　　　　吸收律

例9-8　化简 $F = AB + \bar{A}C + \bar{B}C$

解：

$F = AB + (\bar{A} + \bar{B})\,C$

$F = AB + \overline{AB}C$ 　　　　　　反演律

$F = AB + C$ 　　　　　　　　吸收律

例9-9　$F = A(BC + \bar{B}\,\bar{C}) + A\,\bar{B}C + AB\,\bar{C}$

解：

$F = ABC + A\,\bar{B}\,\bar{C} + A\,\bar{B}C + AB\,\bar{C}$ 　　分配律

$F = ABC + A\,\bar{B}C + A\,\bar{B}\,\bar{C} + AB\,\bar{C}$ 　　交换律

$F = AC(B + \bar{B}) + A\,\bar{C}(\bar{B} + B)$ 　　结合律

$F = AC + A\bar{C}$ 　　　　　　　结合律

$F = A$

第三节　节约用电

前面已经介绍了最简单的逻辑关系与、或、非。在设计逻辑电路时，除了可以用表达式和真值表来表示结果（输出）与条件（输入）的关系外，还可以用"门"的形式来表示。

把表示与、或、非逻辑关系的门称为与门电路、或门电路、和非门电路，简称与门、或门、非门。

一、与门电路

能实现逻辑与功能的门电路称为与门电路。与门电路有多个输入端和一个输出端。可以用二极管构成与门电路。如图9-4所示：

分析如下：当 $U_A = U_B = 0$ 时，二极管导不通，输出电压 $U_0 = 0.7$V；

当 $U_A = 0$，$U_B = 3$V 时，二极管 VD_1 先导通，VD_2 不导通，输出电压 $U_0 = 0.7$V。

当 $U_A = 3$V，$U_B = 0$ 时，二极管 VD_2 先导通，VD_1 不导通，输出电压 $U_0 = 0.7$V。

当 $U_A = U_B = 3$V 时，二极管导通，输出电压 $U_0 = 3.7$V。

若用0表示低电平，1表示高电平，在忽略管压降的情况下，结果 F 与条件 A、B 满足与逻辑关系。即"有0出0，全1出1"。

它的符号如图9-5所示。

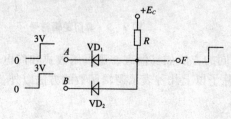

图9-4　二极管与门电路

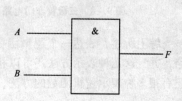

图9-5　与门逻辑符号

二、或门电路

能实现或逻辑功能的电路称为或门电路。它具有多个输入端和一个输出端。用二极管表示的电路如图 9-6：

当 $U_A = U_B = 0$ 时，二极管不导通，输出电压 $U_0 = 0.7V$；

当 $U_A = 0$，$U_B = 3V$ 时，二极管先 VD_2 导通，VD_1 不导通，输出电压 $U_0 = 3.7V$。

当 $U_A = 3V$，$U_B = 0$ 时，二极管 VD_1 先导通，VD_2 不导通，输出电压 $U_0 = 3.7V$。

当 $U_A = U_B = 3V$ 时，二极管导通，输出电压 $U_0 = 3.7V$。

结果与条件满足或逻辑关系。"有 1 出 1，全 0 出 0"。

逻辑符号如图 9-7 所示。

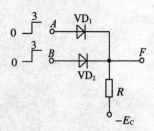

图 9-6　二极管或门电路

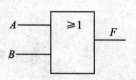

图 9-7　或门逻辑电路

三、非门电路

能实现逻辑非功能的电路称为非门电路。它有一个输入端和一个输出端。它可以用一个三极管电路如图 9-8 来表示。

当 $U_A = 0$ 时，三极管截止。$U_0 = E_C = 12V$；

当 $U_A = 3V$ 时，三极管饱和导通，$U_0 = 0$。

此电路满足非逻辑关系，即"有 0 出 1，有 1 出 0"。

逻辑符号如图 9-9 所示。

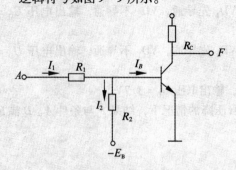

图 9-8　三极管非门电路

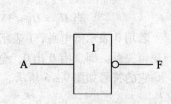

图 9-9　非门逻辑符号

综上所述，表达一个逻辑函数关系，可以用不同的方法如真值表、逻辑函数式和门电路，并且这几种表示方法还可以相互转换。当然，除了以上几种表示逻辑函数的方法以外，还有很多种表示逻辑函数的方法，在此不一一赘述。

1. 简述二进制与十进制之间的异同点。
2. 试回答二进制转换成十进制的方法。
3. 有人说，逻辑运算的定律与普通代数的定律应用一样，对吗？请举例说明。
4. 通常可以用几种方法来表达输入和输出的关系？
5. 写出与门、或门、非门的表达式并画出对应的真值表。
6. 试写出与门、或门和非门的逻辑符号。

实验一　万用表的使用及基尔霍夫定律验证

一、实验目的

(1) 了解万用表的结构及表面各种符号的意义；

(2) 学习用万用表测量直流电压、电流和电阻的方法；

(3) 验证基尔霍夫定律。

二、实验设备

名称	规格	数量	备注
万用表	MF500 型	1 块	
直流电流表	0~50mA	3 个	或用万用表代替
双路直流稳压电源	0~36V	1 台	
实验线路板		1 个	
电阻器	200Ω	1 个	
电阻器	400Ω	1 个	
电阻器	500Ω	1 个	

三、实验任务及步骤

(1) 熟悉万用表的面板结构及各种符号的意义，掌握使用万用表的一般方法。

(2) 在实验板上按照图 S−1 电路，先不接电源 E_1、E_2，测量实验电路中 R_1、R_2、R_3 的阻值。

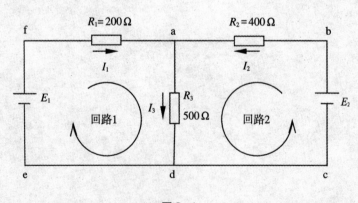

图 S−1

(3) 选定 E_1、E_2（均在 0~10V 之间取值）值，按图 S−1 把 E_1、E_2 接入线路。

(4) 按图示假定方向，测量出表 S−1 所列各支路的电流值，并验证

$$\Sigma I = 0$$

146

表 S-1　基尔霍夫电流定律的验证

各支路电流		验证过程
I_1/mA		
I_2/mA		
I_3/mA		

（5）按图 S-1 所标测试点，测量出表 S-2 所示各电压值，并验证

$$\Sigma U = 0$$

表 S-2　基尔霍夫电压定律的验证

各段电压值/V							验证过程	
U_{ab}	U_{bc}	U_{cd}	U_{de}	U_{ef}	U_{fa}	U_{ad}	回路1	回路2

五、实验报告要求

（1）整理实验数据，验证基尔霍夫定律。

（2）比较理论计算结果与实验数据，分析测量结果产生误差的原因。

（3）回答下列思考题：

1）用万用表欧姆挡测量电路中某电阻的阻值时，应注意哪些问题？

2）在进行直流电路测量时，其测量注意事项有哪些？

六、注意事项

严防直流电源输出端短路。

实验二　电磁感应现象的研究

一、实验目的

（1）理解电磁感应现象；

（2）验证楞次定律。

二、实验器材

名称	规格	数量	备注
灵敏电流计		一只	
空心线圈		一个	
条形磁铁		一个	
导线		若干	

三、实验原理

穿过闭合线圈的磁通量发生变化时，线圈要产生感应电动势和感应电流，其方向服从楞次定律。

四、实验步骤

（1）将线圈和电流计用导线连接成闭合回路，如实验图S-2。

（2）把条形磁铁 N 极迅速插入线圈，观察电流计指针偏转方向，将所产生的感应电流方向计入实验表中。

（3）把条形磁铁 N 极迅速从线圈中拔出，观察电流计指针偏转方向，将所产生的感应电流方向计入实验表中。

（4）将条形磁铁的 N 极换成 S 极，重复上述2、3步的实验步骤，将结果计入实验表 S-3 中。

五、思考题

（1）根据实验结果，验证感应电流的方向是否服从楞次定律？

（2）如果磁铁插入或拔出的速度极慢，会出现什么现象？并用法拉第电磁感应定律解释其原因。

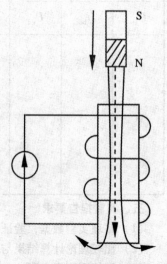

图 S-2　电磁感应现象

表 S-3

条形磁铁的运动	电流计指针的偏转方向	靠近磁铁一端的线圈所呈现的磁极的极性
N 极插入线圈		
N 极从线圈中拔出		
S 极插入线圈		
S 极从线圈中拔出		

实验三　日光灯电路

一、实验目的

(1) 学习日光灯电路的连接；

(2) 学会用交流电压表、电流表对工频电路的测量，掌握交流仪表的使用方法；

(3) 了解 RL 串联电路的特点和提高功率因数的意义及方法。

二、实验设备

名称	规格	数量	备注
日光灯电路实验板	20W	1 套	
交流电流表		3 个	
万用表	MF500 型	1 块	
导线		若干	

三、实验电路及说明

日光灯电路是由日光灯管 R、镇流器 L、起辉器 Q 和电容器 C 组成。图 S – 3 中，S2 是为电容器接入实验电路而设置的开关。

四、实验内容及步骤

(1) 对照实物，按图 S – 3 连接日光灯电路，S2 断开，先不接入电容器 C。

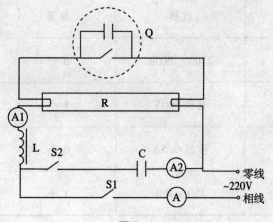

图 S – 3

（2）接通电源，使日光灯电路正常工作后，测量电源电压 U_1、镇流器两端电压 U_2、灯管两端电压 U_3 和电流 I_L 值。

（3）闭合 S2 接入电容器 C，测量接入电容器 C 时电路的总电流 I、电感支路电流 I_L 和电容支路电流 I_C 及电源电压 U_1 值。

五、实验报告要求

（1）列表整理实验步骤 2 中的测量值，计算未并电容时电路的功率因数。

（2）列表整理实验步骤 3 中的测量值，利用作电流相量图的方法求出日光灯电路在并入电容时的功率因数。

（3）比较日光灯电路在并入电容器后，功率因数的变化情况，说明提高功率因数的方法和意义。

（4）讨论如下思考题

1）若日光灯电路在正常电压下不能点燃，如何用万用表尽快查出故障部位？

2）日光灯电路接通电源后，若起辉器不能自动跳开，将会出现什么现象？

3）日光灯电路中，若镇流器短路（禁止做试验）其后果如何？

六、注意事项

（1）严禁去掉或短路镇流器进行试验！

（2）日光灯电路实验属强电实验，应特别注意人身和设备的安全！

（3）实验中如出现问题，应先断电并报告教员，排除故障后再继续实验。

实验四　三相对称负载的连接

一、实验目的

（1）掌握三相负载的星形（有中线）、三角形连接方法；

（2）验证三相对称负载星形连接、三角形连接时线电压与相电压、线电流与相电流之间的关系。

二、实验设备

名称	规格	数量	备注
白炽灯	220V　60W	6 个	
交流电压表	量程 500V	1 个	或用万用表代替
交流电流表	量程 0.5A	6 个	
实验线路板	450×450	1 个	

三、实验内容

（1）分别按图S-4、图S-5接线；

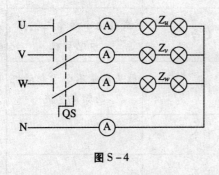

图S-4

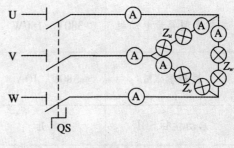

图S-5

（2）接好后，经指导教师检查无误后，闭合电源开关给线路通电（线电压380V）；

（3）分别测量出各图中U、V、W三相负载的线电压、相电压、线电流、相电流，并将测量结果分别记录于实验记录表S-4、表S-5中。

表S-4　三相对称负载星形连接实验记录表

内容	I_u	I_v	I_w	I_N	U_U	U_V	U_W	U_{UV}	U_{VW}	U_{WU}
结果										

表S-5　三相对称负载三角形连接实验记录表

内容	I_{uv}	I_{vw}	I_{wu}	I_U	I_V	I_W	U_{UV}	U_{VW}	U_{WU}
结果									

四、实验报告

（1）根据实验数据，得出对称三相负载星形接法时线电压与相电压、三角形接法时线电流与相电流之间的数量关系。

（2）思考：负载为星形接法（有中线），如果有一相负载短路，另外两相负载能正常工作吗？为什么？

实验五　接触器自锁控制线路

一、实验目的

（1）学会安装接触器自锁控制线路；

（2）了解各低压电器的工作原理、构造及使用方法；

（3）通过实验加深对接触器自锁控制线路工作原理和失压保护功能的理解。

二、实验设备

名称	规格	数量	备注
三相笼型异步电动机	380V 180W	1 台	或其他小功率三相异步电动机
接触器 KM	380V 10A	1 个	触头容量不小于电动机的额定电流
启动按钮 SB1	常开	1 个	
停止按钮 SB2	常闭	1 个	
熔断器 FU1	500V 10A	3 个	熔体额定电流不小于电动机额定电流的 1.5~2.5 倍
熔断器 FU2	500V 10A	2 个	
组合开关 QS	380V 3 极 10A	1 个	
热继电器 FR	三相热继电器	1 个	
连接导线	软线	若干	
控制板	500×400	1 块	或其他规格的控制板

三、实验内容

（1）首先检测元器件的好坏；

（2）检测元件没问题后，再将所需的元器件安装在控制板上；

（3）按图 6-21 所示控制线路进行接线；

（4）经指导教师检查许可后，方可合上电源，进行通电操作；

（5）电机运行时，拉闸断电，再送电，验证电路是否有失压保护功能。

四、思考题

（1）接触器自锁控制线路为什么具有失压保护功能？

（2）根据故障现象判断可能的故障点

1）接触器 KM 得电后，电动机 M 不转动；

2）按下启动按钮后，接触器 KM 不能得电；

3）电动机 M 只能点动运行。

实验六　二极管和三极管的正确选用和检测

一、实验目的
（1）掌握用万用表分辨二极管和三极管管脚的方法；
（2）掌握用万用表测试二极管和三极管性能好坏的方法。

二、实验器材

名　称	规　格	数量	备注
万用表	MF500型	一只	
二极管		若干	
三极管		若干	

三、实验步骤

1. 判别二极管和三极管的管脚

方法：

（1）二极管极性的判别　　由于二极管可以看成是一个 PN 结，而且万用表的黑表笔接电表内电池的正极，红表笔接电池的负极，如图 S-6 所示。所以当把红黑表笔分别接两个管脚时，若万用表的指针几乎不动，则黑表笔所接管脚为二极管的负极（或阴极）。反之，若指针右偏，电阻很小，则黑表笔所接的管脚是二极管的正极（或阳极），而红表笔所接的管脚是二极管的另一个极。

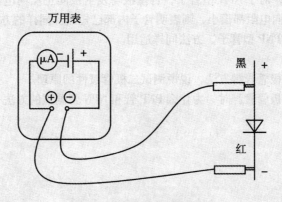

图 S-6　判断二极管管脚极性

（2）三极管管型和极性的判别　　由三极管本身结构如图 S-7 决定了万用表的测试方法。以黑笔为准，红笔分别接另外两个管脚，若测得的电阻均较小，则此管子为 NPN 型管子，黑笔所接的管脚是管子的基极。若测得的电阻均较大，则此管子为 PNP 型管子，红笔所接的管脚是管子的基极。若测得的电阻一个大一个小时，则黑笔需重换管脚，直到两个电阻都大或都小。

153

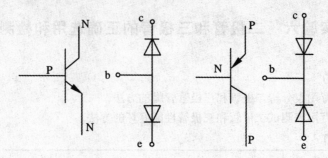

图 S-7　三极管结构示意图

确定基极后，再找集电极。假设管子是 NPN 型，其中一个是集电极，将黑笔接假设的集电极，红笔接假设的发射极，然后用手捏住基极和集电极，观察指针的偏转情况并记录下来，再把两个表笔对调，重复上述过程，则偏转角大的一次黑笔接的管脚是集电极。如果是 PNP 型管子，只需将红笔代替黑笔即可，其他测试完全相似。

2. 检测二极管和三极管性能的好坏

方法：

（1）二极管好坏的判别　在测量二极管的好坏时，用两次测量正反电阻的方法确定是否能使用。红黑表笔分别与两个管脚相接，测得一个阻值，对调两个表笔，又测得一个阻值，若两次的阻值都很大表明管子内部断路，不能使用；若两次的阻值都很小或为零，则表明管子内部已短路也不能使用。只有正反向电阻相差很大时，此二极管才能正常使用。

（2）三极管好坏的判别　知道管子的三个极后，用测量各个极间正反向电阻的方法来判断管子好坏。例如，对于 NPN 型管子，若基极与发射极间正反向电阻都很大，则表明管子内部断路，若正反向电阻都很小，则表明管子内部已短路。同样的方法可测量另外极间是否短路或断路。对于 PNP 型管子，方法同样适用。

四、思考题

（1）根据测试二极管管脚方法，说说测试二极管极性的原理。

（2）说说测试三极管管脚时，为什么 PNP 管和 NPN 管测试的方法有所不同。